JN220994

エクセルVBAのプログラミングをはじめからじっくりと。

プログラミング未経験者でも
これなら必ず最後まで読める

秀和システム

はじめに

最初に断っておきますが、ExcelVBAはかなり難しいです。

これはもう、間違いありません。

でも、「Excelの基本操作なら普通にわかるし、関数も少しなら使える」くらいのレベルにいるあなたなら、VBAは絶対にマスターできます。たとえ、プログラミング未経験者であってもです。

これも、間違いありません。

もちろん、さすがに「本書を読めば、ExcelVBAを自在に使いこなせるようになります！」などと軽く言うつもりはありません。

本書が目指すゴールは、

- **プログラムの入力方法がわかる！**
- **プログラムの実行方法もわかる！**
- **基本的な構文ならわかる！**
- **基本的な命令もわかる！**
- **そして、簡単なプログラムなら1人で作れるようになった！**

ここです。

本書では、このレベルに到達してもらうことだけに全力を注いでいきます。丁寧すぎるくらいに、もの凄く平易な言葉だけを使ってじっくりと説明していきます。

そして実は、このレベルに達するだけでも「普段の仕事で役に立つシーン」は意外と頻繁にあったりします。つまり、「VBAが使えて良かった！」と実感できる嬉しい場面が想像以上に多いのです。

とはいえ、ただ単に「じっくりと理屈を説明する」だけでは、皆さんも途中で飽きてしまいますよね。集中力が続かないでしょう。

そこで本書では、シンプルかつ実践的なプログラムということで、「じゃんけんゲーム」「請求書作成ツール」という2つのプログラムを皆さんと一緒に作っていきながら、VBAの構文や命令を1つずつマスターしていただくことにしました。

実際に手を動かしながらプログラムを作っていった方が、絶対に楽しいしわかりやすいですからね。

この構文や命令は、どういった場面でどのように使うのだろう？
そもそもどうして、そんな処理が必要なんだろうか？

どれもややこしい話ですが、「自分の手でプログラムを作り、それを実際に動かしてみる」という自然な流れの中での学習は、本当にびっくりするほど早く理解することができます。

そして、理解が進めば進むほど、VBAのことをもっともっと学びたくなるでしょう。

私もそうでしたから間違いありません。

断言できます！

本書をきっかけにして、あなたがVBAの世界にどっぷりとハマってくれたら、こんなに嬉しいことはありません。

2016年8月　著者

エクセルVBAのプログラミングをはじめからじっくりと。

Contents

第2部 「じゃんけんゲーム」を作ろう

第3章 まずは「セルの操作」について

第4章 次は「構文」について

次は「VBA関数」について

第3部　「請求書作成ツール」を作ろう

「請求書作成ツール」を作るための準備

第7章 まずは「請求書作成ツールのユーザーインターフェース」から

第8章 「請求書を作成する機能」を作る

第9章 「請求書作成ツール」を仕上げる

サンプルファイルについて

本書では、「じゃんけんゲーム」「請求書作成ツール」という2つのプログラムを実際に作りながら、ExcelVBAの基本をマスターしていただくわけですが、その際、いくつかのサンプルファイルを使用していただきます。

ですので、本書での学習を始める前に、まずは必要なファイルを秀和システムのWebページからダウンロードしてください。

ダウンロード用のURL

http://www.shuwasystem.co.jp/support/7980html/4730.html

ダウンロードしたファイルを展開すると、ExcelVBAフォルダが作成されます。

このフォルダには、各章で使用するファイルが保存されている「1Sho」から「9Sho」フォルダと、皆さんに作っていただく「じゃんけんゲーム」と「請求書作成ツール」の完成版が保存されている「完成版」フォルダが含まれています。

ExcelVBAフォルダの内容

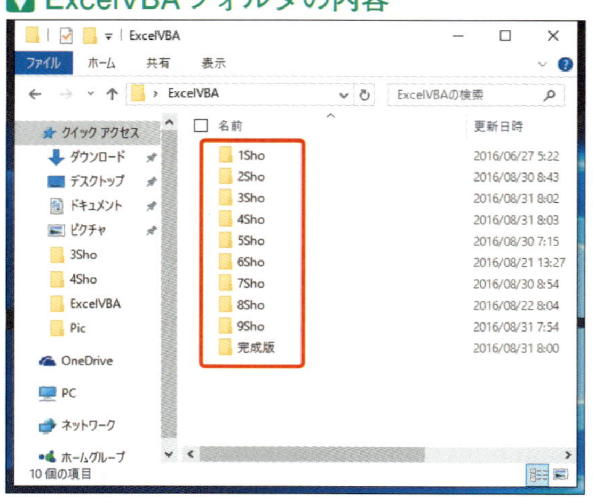

各章のフォルダと「完成版」フォルダがあります

各章のフォルダにはサンプルファイルが保存されています。そしてファイル名は、次のルールで名前が付けられています。

サンプルファイルのファイル名

章番号-連番.xlsm

例：4-1.xlsm, 4-2.xlsm・・・

※章によってサンプルファイルの数は異なります。

そして、皆さんに作っていただく「じゃんけんゲーム」と「請求書作成ツール」ですが、いずれも複数の章にまたがって作っていくため、次のファイルを用意しています。

- **Janken-1.xlsm（「3Sho」フォルダに保存）**
- **Seikyusho-1.xlsm（「7Sho」フォルダに保存）**

※「Janken-1.xlsm」はじゃんけんゲームを作るときに最初に使うファイル、「Seikyusho-1.xlsm」は請求書作成ツールを作るときに最初に使うファイルです。

- **Janken-○章はじめ.xlsm（「4Sho」「5Sho」フォルダに保存）**
- **Seikyusho-○章はじめ.xlsm（「4Sho」「5Sho」フォルダに保存）**

※「○」には章番号が入ります（例：Janken-4章はじめ.xlsm、Seikyusho-8章はじめ.xlsm,）。その章の学習を始める時点でのファイルです。

- **Janken-○章まで.xlsm（「3Sho」「4Sho」フォルダに保存）**
- **Seikyusho-○章まで.xlsm（「7Sho」「8Sho」フォルダに保存）**

※「○」には章番号が入ります（例：Janken-3章まで.xlsm、Seikyusho-7章まで.xlsm）。
その章の最後まで学習した時点でのファイルです。

- じゃんけんゲーム_完成.xlsm（「完成版」フォルダに保存）
- 請求書作成ツール_完成.xlsm（「完成版」フォルダに保存）

※じゃんけんゲームと請求書作成ツールの完成版です。

完成版のファイルは、実際にプログラムの作成を始める前に、完成版を簡単に操作してみて、どのようなプログラムをこれから作るのかイメージをつかんでおくためのものです。

サンプルファイルを使用する箇所は、本書の本文中に次のような指示があるので、それにしたがってください。

サンプルを使用する指示

では、このRangeを使った具体例を見てみましょう。

「セルB5を選択する」ためのプログラムです。

サンプルを用意しています。「4Sho」フォルダにある「4-1.xlsm」を開き、VBEを表示してプログラムの動作を確認してみてください。

セルB5を選択するプログラム

```
Sub RangeSample01()
```

このように、サンプルを使う箇所には、本文中に指示があります

万一、ダウンロードしたファイルが動かない場合は、P37を参照してマクロを有効化してみてください。

なお、本書で使用するファイルは、Excel2007以降に対応した「xlsm」形式ですべて作成されています。また、すべてのサンプルファイルは（「じゃんけんゲーム」「請求書作成ツール」含め）、Excel2016、Windows10で動作確認済みです。

まずは下準備

これから皆さんには、「VBAの基本」について学んでいただきます。簡単なプログラムなら、1人で作れるようになっていただくつもりです。

とはいえ、いきなりVBAの実践的な説明からは始めません。
まずは「マクロの記録」に関する話と、VBAはどこに入力し実行するのか、そしてどうやって保存するのか、といった「下準備」の話から始めたいと思います

ちなみに「下準備」とは、次の内容を理解していただくことです。

- **「マクロ」とVBAの違い**
- **VBAの命令を入力するために、絶対に必要なこと**
- **入力したVBAを動かす方法と、VBAを保存する方法**

ここであなたは、もしかすると
「なんでマクロからなの？」
と疑問を感じるかもしれませんね。

あえてマクロから話を始めるのは、VBAとの違いを明確にした上で、VBAの必要性を改めて認識してもらいモチベーションを高めていただくためです。
そして、VBAの入力方法など「これがわかっていないと、VBAの勉強が進まなくなる」という超キホン事項をマスターしていただき、今後の学習をスムースに進められるような状態になってもらいます。

というわけで、まずは「マクロ」の話から始めましょう！

たったこれだけ！
「マクロ」の基本

「マクロ」ってどういうものなの？

マクロとVBAの関係

VBAの基本を理解するための第一歩として、読者の皆さんにはまず、「マクロ」から理解していただきます。

こう聞いて、もしあなたが「何でマクロから？自分、てっとり早くVBAについて教えて欲しいんだけど」みたいに感じたとしたら、おそらくあなたの「マクロについての認識」は、次のようなものなのではないでしょうか。

- マクロとVBAは全くの別もの
- マクロはVBAの機能縮小版のようなもの
- だから、マクロを知らなくてもVBAはマスターできる！

でも、実はシンプルに言うと

マクロ = VBA

こうなんです。

「は？」と思った方、今はそれで全くかまいません。とりあえずここでは、「マクロとVBAの関係は？→マクロ＝VBAです！」みたいに、漠然と認識しておいていただければOK。

とはいえ、これはかなり強引に言い切ってしまってます。この後、ちゃんと丁寧に説明していきますから安心してくださいね。

というわけで、まずはマクロについての説明から始めます。

マクロとは

マクロについてのよくある説明は、次のようなものです。

「マクロ」とは、Excelで行う操作を自動化してくれる機能です。

この「操作を自動化する」ですが、例えばあなたが会社で「毎朝、全国にある支店ごとの販売データを集計する」というミッションを課せられているとしましょう。

そして、この作業の手順は次のようになっているとします。

① 支店の販売データのファイルを開く
② 集計用のファイルにコピーする
③ 支店のファイルを開いてコピーする操作を支店の数だけ繰り返す
④ 計算式を入力してデータを集計する

この一連の操作を1つひとつ自分で操作するのではなく、Excelが自動的に処理してくれるようにする。それが、「マクロ」です。

そして、実際にExcelに処理させることを「マクロを実行する」と言い、マクロを実行するために、作成したマクロをボタンやショートカットキーに登録することができます。つまり、マクロを登録したボタン1つをクリックすれば、ファイルを開いたりデータをコピーしたりといった作業をExcelが自動的にやってくれるようになるわけです。

ということは、もしもこの作業を終えるのに毎朝1時間かかっているとしたら、「マクロを実行する」ことで手間が$\frac{1}{60}$くらいに縮まりますよね。

これが、「操作を自動化する」ことのメリットなのです。

図1-1-1 「マクロ」はExcelの操作を自動化してくれる機能

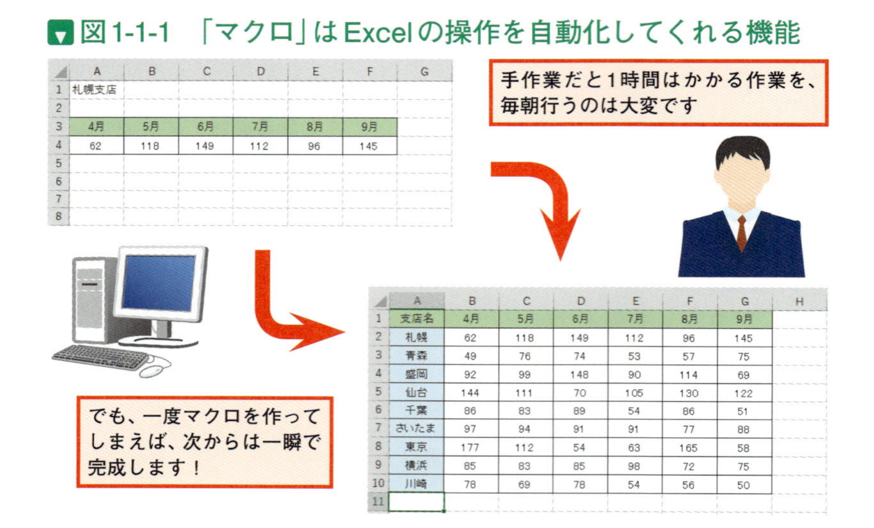

	A	B	C	D	E	F	G
1	札幌支店						
2							
3	4月	5月	6月	7月	8月	9月	
4	62	118	149	112	96	145	
5							
6							
7							
8							

	A	B	C	D	E	F	G	H
1	支店名	4月	5月	6月	7月	8月	9月	
2	札幌	62	118	149	112	96	145	
3	青森	49	76	74	53	57	75	
4	盛岡	92	99	148	90	114	69	
5	仙台	144	111	70	105	130	122	
6	千葉	86	83	89	54	86	51	
7	さいたま	97	94	91	91	77	88	
8	東京	177	112	54	63	165	58	
9	横浜	85	83	85	98	72	75	
10	川崎	78	69	78	54	56	50	
11								

このように、**操作を自動化してくれるのが「マクロ」です。**ちょっとしつこいかもしれませんが、このことをまずはきちんと理解しておいてくださいね。

さて、この「マクロ」ですが、どうやって作るのでしょうか？

表をコピーしたり、計算式を入力したりと、自動化したい操作は人それぞれですよね。となると、自分が自動化したい操作を「マクロ」にしなくてはなりません。

そのための機能が、「マクロの記録」です。便利な機能なので、次の1-2でしっかりとマスターしておきましょう。

マクロを作ってみよう！

「マクロの記録」とは

「マクロの記録」は、Excelにあらかじめ用意されている機能の1つで、自動化したい操作を1度実際に自分で操作し記録して、マクロを作るための機能です。

これはちょうど、ビデオカメラで操作を録画するようなイメージですね。ビデオカメラは録画した動画を何度も再生できますが、同じように「マクロの記録」で記録した操作は、何回でも実行することができます。

▼図1-2-1 「マクロの記録」はビデオカメラで操作を記録するようなイメージ

「マクロの記録」は、本当にビデオで録画したかのように、皆さんの操作を記録してくれます。「画面をスクロールする」なんて、記録しなくても良いような操作も記録してくれるんです。

「マクロの記録」を使ってマクロを作る

では、「マクロの記録」を使ってマクロを作ってみましょう。

今回は、セルを「赤」にするマクロを作ってみます。こんな処理を自動化してもあまり意味はありませんが、ここは「マクロの記録」がどんなものか知るための練習ですから、シンプルに行きますね。

まずは、Excelを起動して新規にファイルを作成してください。

「ファイル」と「ブック」という表現について

正確には、Excelでは1つのファイルのことを「ブック」と呼びます。ただ、やはり「ファイル」といったほうが馴染みがある方が多いと思うので、本書では基本的に「ファイル」と呼ぶことにします。

図1-2-2　新規にファイルを作成する

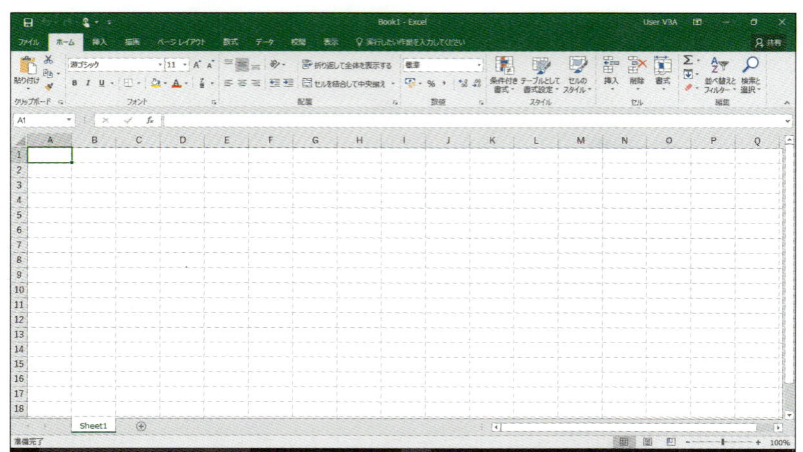

このファイルにマクロを記録します

このファイルを使って「マクロの記録」を行います。ただ、ちょっとだけ準備が必要ですので、まずは次の操作を行ってください。

図1-2-3　「マクロの記録」ボタンを表示する

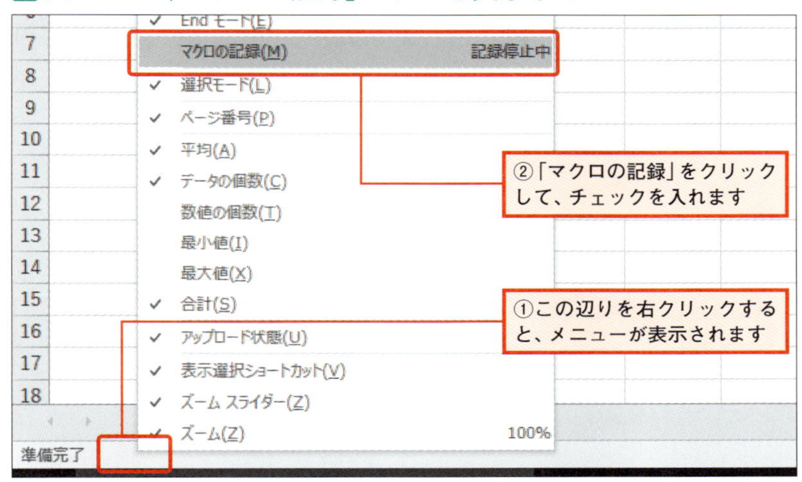

図1-2-4　「マクロ記録」ボタンが表示される

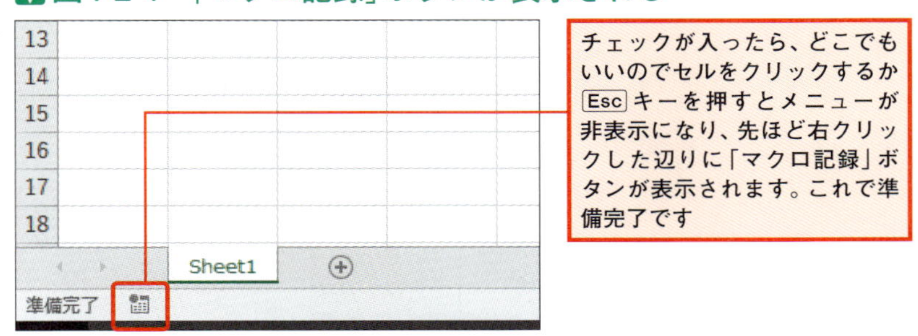

以上、これで準備が完了しました。さっそく「マクロの記録」機能を使って、セルを赤くするマクロを作成しましょう。

「マクロの記録」を開始する

「マクロの記録」は、これから行う操作を全て記録してくれる機能です。繰り返しになりますが、ちょうどビデオカメラで録画するようなイメージだと思ってください。ビデオカメラだと、録画ボタンを押して録画を開始しますよね。同じように「マクロの記録」も「マクロの記録」ボタンをクリックすることで記録が始まります。

では、次の手順で操作していきましょう。

図1-2-5　「マクロの記録」を開始する

①セルA1が選択されていることを確認します

②先ほど表示した「マクロの記録」ボタンをクリックします

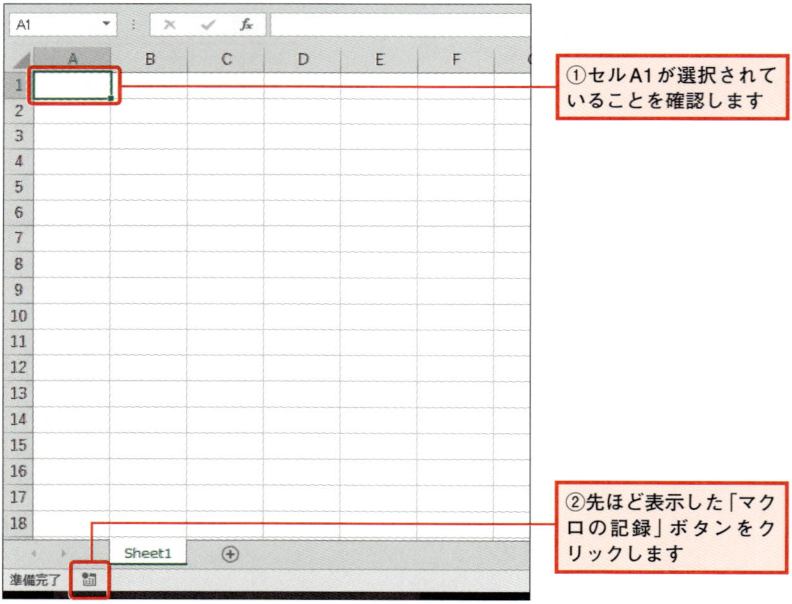

今回のようにシンプルな操作であれば良いのですが、操作が長かったり複雑な場合は、「マクロの記録」を行う前に一通りの操作を「予行練習」すると良いでしょう。

図1-2-6 「マクロの記録」画面

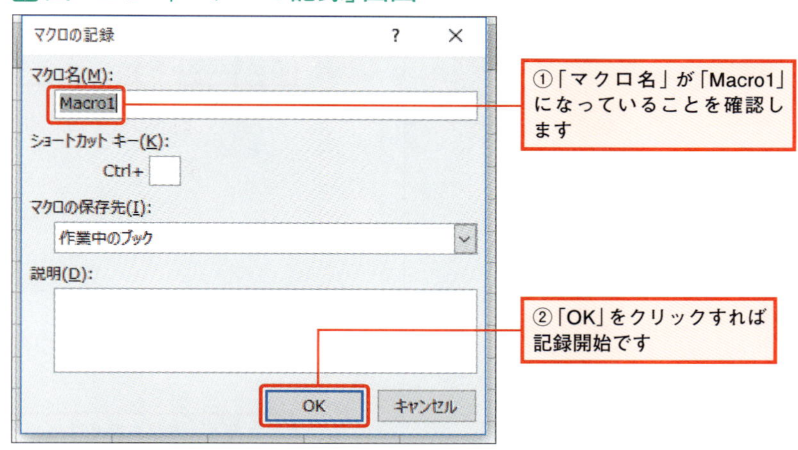

これで記録開始（ビデオなら録画開始）です。これ以降の操作は全て記録されます。画面のスクロールとかも記録されるので、気をつけてくださいね。

図1-2-7 セルを「赤」で塗りつぶす

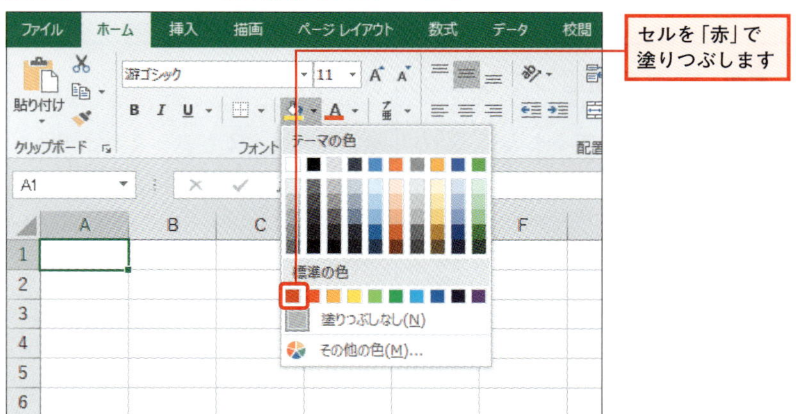

図1-2-8　セルを塗りつぶしたら記録を終了する

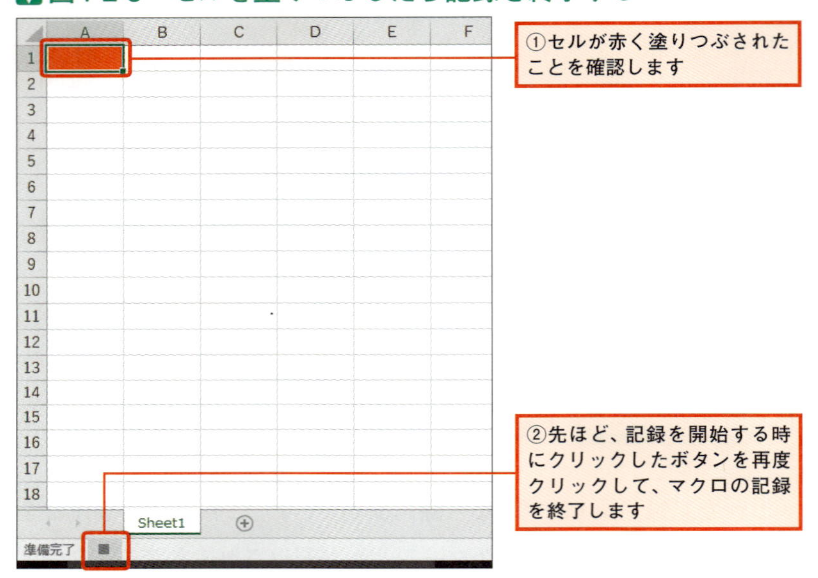

終了することを忘れてしまうと、ずっと操作が記録され続けてしまいます。忘れないように注意してください！

ここが疑問！

操作を間違ってしまったら？

誰でもミスはするものです。もし操作を間違ってしまったら、一旦「記録終了」ボタンをクリックしてマクロの記録を終了し、最初からやり直してください。

これで、マクロの記録は終了です。皆さんが操作した処理が記録されました。

念のため、操作がきちんと記録されたかどうかを確認しておきましょう。そのためには、マクロを実行してみるのが手っ取り早いです。

作成したマクロを実行する

作成したマクロを実行してみましょう。業務であれば、作成したマクロをボタンやショートカットキーに登録するのですが、ここでは一番基本的な方法で実行します（マクロの実行方法については、第2章で詳しく説明するので、とりあえず紹介する手順通りに行ってください）。

図1-2-9　マクロを実行する

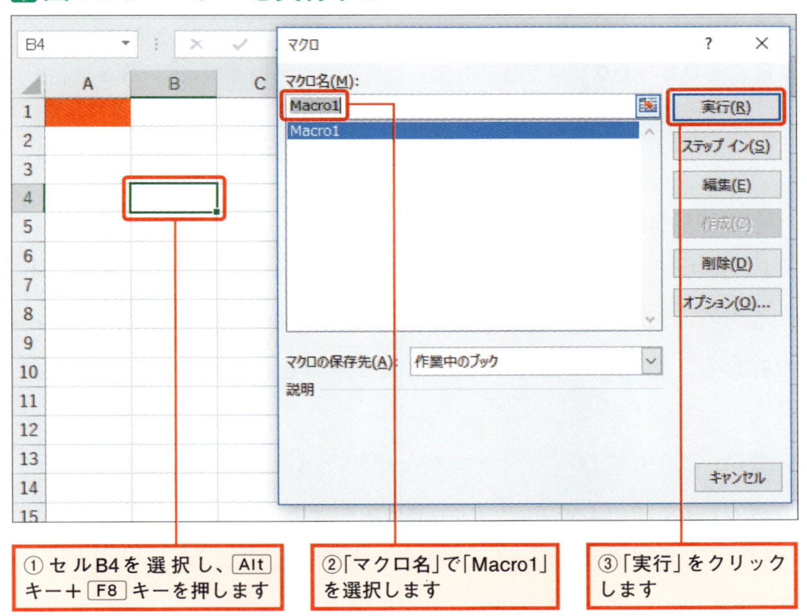

表示された「マクロ」の画面を、「マクロ」ダイアログボックスと言います。マクロを複数記録すると、記録したすべてのマクロ名が表示されます。

図1-2-10　実行結果

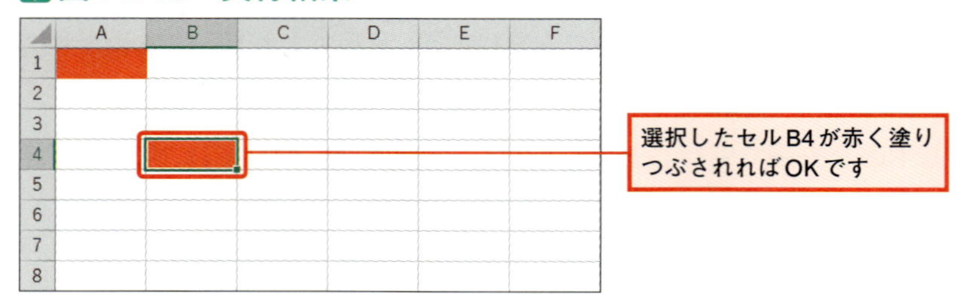

選択したセル以外が赤くなってしまった場合は、マクロの記録を始めた後に他のセルをクリックしてしまった可能性が高いです。その場合は、もう一度ファイルを作るところからやり直しましょう。

うまく動きましたか？

Excelのマクロは、こんな感じで作って実行することができるんです。

もちろん、例えばグラフを作るとか、ピボットテーブルを作るといった操作も、今のように操作を記録してマクロを作ることができます。

では、こうして作ったマクロがなぜ、VBAと同じなのでしょうか？

次の1-3ではいよいよ、その理由を説明をします。

（作成したマクロですが、次の節でも使いますから、ひとまずそのまま開いておいてください）

マクロとVBAは本当に同じなの？

「マクロの記録」の正体

先ほど、「マクロの記録」を使ってマクロを作ったわけですが、おそらく皆さんは「さっきマクロの記録を使ってマクロを作ったけど、どこが『マクロ = VBA』なんだ？」などと思っているのではないでしょうか。

その疑問はごもっともです。単に、自分で行った操作を記録しただけですからね。「じゃぁ記録することがVBAなの？」なんて思っている方もいるかと思います。

ところで、「マクロの記録」で皆さんが行った操作を記録したということは、操作内容がどこかに記録されているはずですよね。

そこで、先ほど作成したマクロを使って、皆さんが行った操作がどこに、どんなふうに記録されているか見てみましょう。

次ページの図1-3-1をご覧ください。

図1-3-1　マクロの記録場所を開く

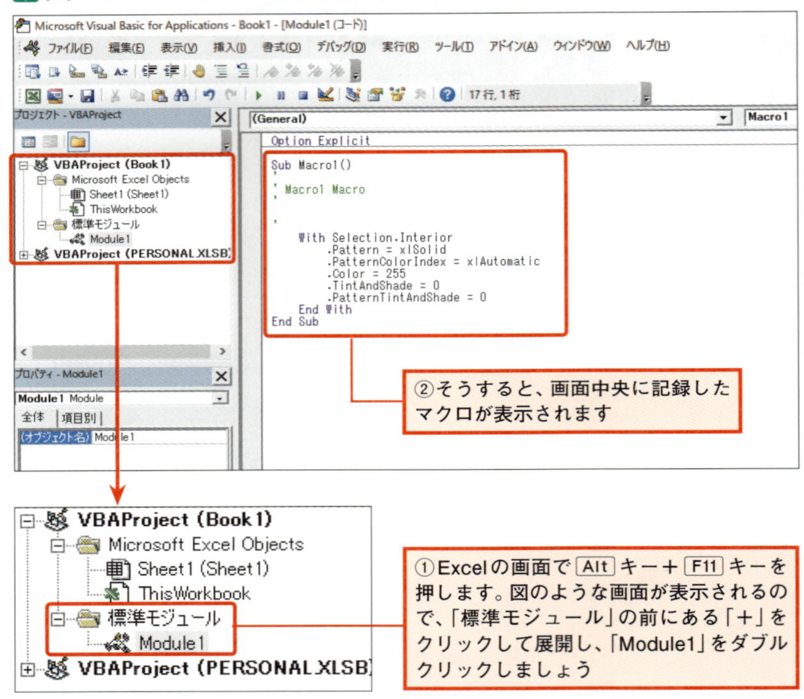

「標準モジュール」と「Module1」

注意

「標準モジュール」や「Module1」については、第2章で詳しく説明します。だからここでは、「これが保存場所なんだな」という程度の理解で大丈夫です。

この「標準モジュール」の「Module1」が、先ほど記録したマクロの保存場所です。そして表示されたアルファベットの羅列が、「マクロの記録」で記録された内容になります。

実は、これがVBAです。

つまり、Excelは「マクロの記録」で皆さんが操作した内容を記録する時に、操作を自動的にVBAに置き換えて記録・保存しているというわけなのです。

図1-3-2　「マクロの記録」で記録されたのはVBA

```
Option Explicit
Sub Macro1()
'
' Macro1 Macro
'

'
    With Selection.Interior
        .Pattern = xlSolid
        .PatternColorIndex = xlAutomatic
        .Color = 255
        .TintAndShade = 0
        .PatternTintAndShade = 0
    End With
End Sub
```

これがVBAそのものです

マクロとVBA

「マクロの記録」で作ったマクロは、VBAでできている

⬇

つまり、マクロはVBAでできている

⬇

つまり、「マクロ = VBA」だと言える

いかがですか？

また、ちょっと強引ですかね。そもそもが同じものなのに、「マクロ」と「VBA」という2つの言葉があるなんて、変ですよね。

であれば、次のように考えてください。

- Excelには、操作を自動化してくれる「マクロ」という機能がある
- 「マクロ」はVBAを使って作る
- つまり、VBAはマクロを作るためのものである

「マクロ ＝ VBA」がちょっと強引と感じるなら、このように「VBAはマクロを作るためのもの」と理解していただいてもかまいません。

ですので、決して「マクロとVBAは全くの別もの」とか、「マクロはVBAの機能縮小版」ということではないのです。

ちなみに、VBAのことをコンピュータの世界では「プログラミング言語」と呼びます。プログラミング言語とは、「プログラム」を作るための「言語」のことです。

では、この「プログラム」って、いったい何のことなのでしょうか？

プログラムとは

皆さんが、Excelを使った作業を誰かに頼むことを考えてみてください。

例えば、売上データを集計するのであれば「どこにデータがあるのか」等について、頼む相手に色々と教えますよね。口頭で済むこともあるでしょうけど、きちんとするなら「指示書」を用意して、その指示書にしたがって進めてもらいますよね。

コンピュータも同じです。コンピュータに何か処理をさせるには、コンピュータ用の指示書が必要です。そして、この「指示書」に当たるのが、「プログラム」なのです。

図1-3-3　コンピュータ用の指示書がプログラム

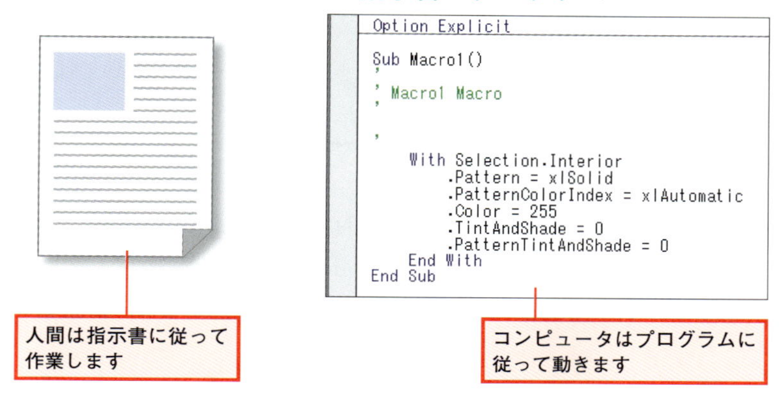

ただ、相手は人間ではありません。だから、皆さんが会社で同僚や部下に指示をするように日本語で指示書を作っても、コンピュータは動いてくれません。

そこで、プログラムを作るために使うのが、「プログラミング言語」になります。つまり、コンピュータ用の指示書（プログラム）を作るために、日本語の代わりに「プログラミング言語」を使う、ということになるわけです。

日本語の代わりに使うわけですから、プログラミング言語にも、日本語と同じように文法があります。また、コンピュータに指示を出すので、色々な命令が用意されています。

ですから、プログラミングを習得するということは、プログラミング言語の文法（プログラミングの世界では「構文」と言います）や、命令の使い方について学ぶということになるのです。

そして、皆さんがこれから習得するVBAは、Excel用のプログラムを作るためのプログラミング言語なのです。

「文法」と「構文」

用語解説

日本語には「文法」がありますよね。プログラミングの世界では、この文法のことを「構文」と言います。

次の第2章では、いよいよVBAのお話に入ります。といっても、いきなり業務で使うようなプログラムを作るという話ではなく、VBAの入力方法や実行方法など基本的なところから行きます。退屈かもしれませんが、ここをおろそかにすると先へ進めませんから、きちんと理解するようにしてくださいね。

たったこれだけ！「VBA」の基本

2-1 たったこれだけ！「VBA」の基本

VBAで何ができるの？

「マクロの記録」だけじゃダメなのか

第1章で、「マクロの記録」によりVBAの命令が自動的に作られることを体感した皆さんの中には、もしかしたら次のように感じている人がいるかもしれないですね。

「マクロの記録」の方法さえ覚えてしまえば、わざわざVBAの命令を覚える必要は無いんじゃないか？

そうであれば、それは素晴らしいことなんですが、残念ながら実際にはそんなことありません。

マクロの記録ではできないこと

繰り返しになりますが「マクロの記録」を使えば、VBAの命令が自動的に作られます。

自動的に処理したい操作を、Excelで1回自分でやってみればいいのですから簡単ですよね。

でも、実際の業務を自動化するのに、「マクロの記録」だけで済むことはまずありません。それは、マクロの記録にはできないことがあるからなのです。

マクロの記録でできないことは、次の2つです。

- **条件に応じた処理**
- **繰り返し処理**

1つずつ見ていきましょう。

まずは「条件に応じた処理」ですが、例えば次の処理を行うとします。

売上一覧の売上金額欄の値が70以上なら隣のセルに「○」と、70未満なら「×」と入力する

このような「Aの時には○○で、Bの時には××の処理をする」というケース、業務ではよくありますよね。Excelの関数で言えば、IF関数を使うような場面です。

さて、この処理を「マクロの記録」を使って記録するには、どうしたら良いでしょうか？

マクロの記録は、実際に操作を行ってVBAの命令を作るものです。となると、このような条件（セルの値）によって入力する値が変わる、といった操作は、「マクロの記録」ができるのでしょうか？

実は、できません。そもそも、こういった処理はマクロの記録自体ができないのです。記録できなければ、VBAの命令は作成されませんよね。

図2-1-1　条件に応じた処理の例

	A	B	C	D
1	売上データ			
2	支店名	売上金額	評価	
3	札幌	68	×	
4	仙台	72	○	

セルの値によって入力する文字が変わるといった処理は、「マクロの記録」ではできません

注意

条件に応じた処理

このような処理のことを「条件分岐処理」と呼ぶこともありますが、同じ意味になります。なお、本書では「条件に応じた処理」という表現で統一しています。

では、もう1つの「繰り返し処理」の方ですが、例えば図2-1-2のように、A列とB列に数値が入力されているとします。そして、C列にA列とB列の合計を求める計算式（例えば「=A2 + B2」です）を入力する、という処理を、表の一番下まで繰り返して行うとします。

このような処理、例えば「営業フォルダの中にあるファイルを1ずつ順番に開いて、データをコピーする」といった同じ処理を繰り返して行うというケースは、業務ではよくありますよね。

図2-1-2　繰り返し処理の例

	A	B	C	D
1	値1	値2	合計	
2	10	5	15	
3	11	4	15	
4	21	3	24	
5	20	6	26	
6				

同じ処理を何度も行うので、繰り返し処理と言います

実は、この「繰り返して行う」ことが、マクロの記録は苦手です。

図2-1-2だと数件しかデータが無いので、マクロの記録でもできなくはありません。結果を入力する処理を繰り返し行って、それをすべて「マクロの記録」で記録すればいいのですから。

でも、データが1万件とか10万件になったらどうでしょう？

いくらなんでも、10万回操作を繰り返してマクロの記録をするなんて、現実的ではない、つまりできないと言っていいですよね。

注意

繰り返し処理

繰り返し処理のことを「ループ処理」と呼ぶこともありますが、同じ意味です。本書では「繰り返し処理」という表現で統一しています。

このような弱点が、マクロの記録にはあります。

実務にあまり関係ない弱点であればいいのですが、業務でもよく行われる操作に関連するものだから困りもの。

だからこそ、マクロの記録だけではダメで、VBAの構文（文法のことです）や命令を覚え自分で書かなくてはならないのです。

そして、こういった処理を含め、VBAを使えば「Excelでできることは VBA でもできる！」と考えていただいて結構です。

それでは、次にこのVBAをどこに記述するのか、VBAの「記述場所」について見ていきたいと思います。

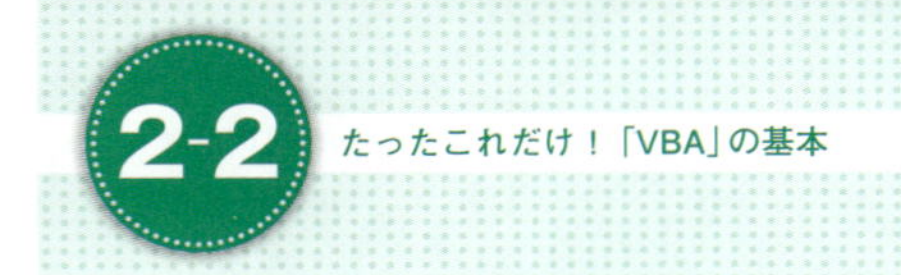

VBAの記述場所

VBAはどこに書く？

第1章で「マクロの記録」を使ってマクロを作った時に、簡単に保存場所を確認しましたよね（「標準モジュール」の「Module1」というところに保存していました）。その保存場所について、もう少し詳しく理解していきましょう。

実際に画面を見ながらのほうがわかりやすいので、サンプルファイルを使います。なお、第1章では「マクロの記録場所」という言葉を使いましたが、今後は「VBAの記述場所」と呼ぶことにします。「マクロ＝VBA」ですし、今後は皆さんが自分でVBAを入力（記述）することになるのですから。

ここでは、第1章で「マクロの記録」を行った時と同じ内容のファイルを用意しました。サンプル「2Sho」フォルダにある、「2-1.xlsm」ファイルを開いてください。

注意

サンプルファイルについて

サンプルファイルは秀和システムのホームページからダウンロードすることができます。詳しくは、本書8ページ「サンプルファイルについて」をご覧ください。

図2-2-1　サンプルファイル「2-1.xlsm」を開く

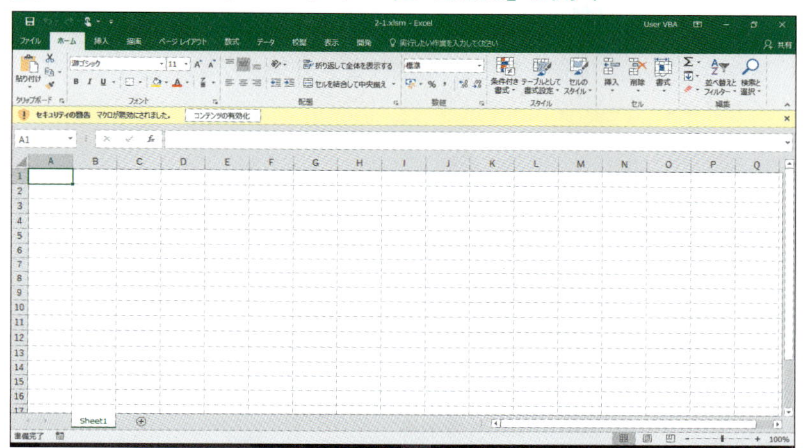

サンプルファイルを開きます

このとき、図2-2-2のような「セキュリティの警告」が表示されるので、「コンテンツの有効化」をクリックします。こうしないとマクロが使えません。

図2-2-2　マクロを有効にする

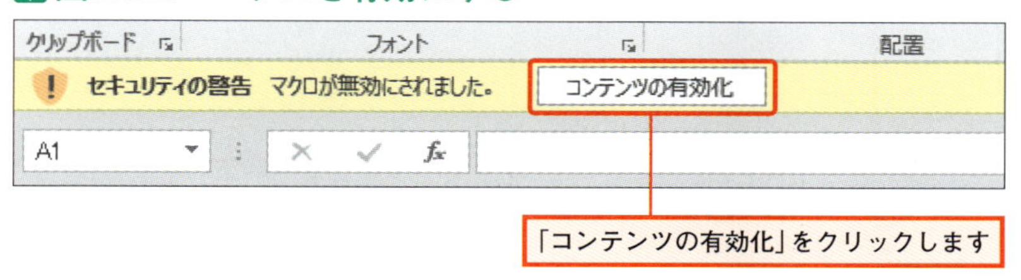

Excel2007の場合は「オプション」ボタンをクリックした後に「このコンテンツを有効化する」を選んでください。

マクロの有効化

注意

マクロ（VBA）を使う際には、必ず「コンテンツの有効化」を行ってください。

次に、第1章と同じようにVBAの記述場所を開きます。

図2-2-3　VBAの記述場所

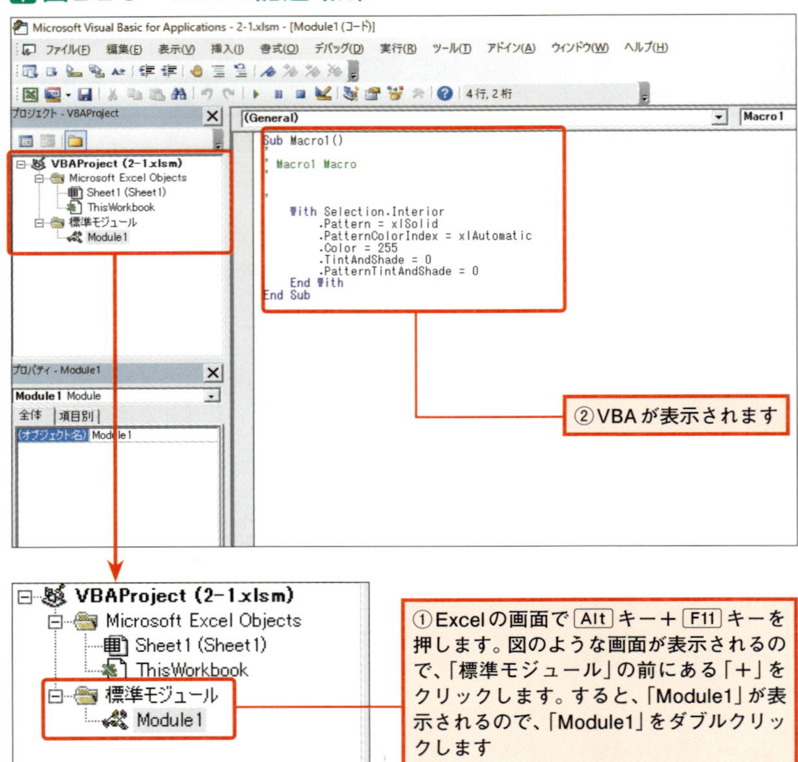

この「標準モジュール」の「Module1」が、第1章で確認したVBA（マクロ）が記録されている場所でしたよね。

でも正直、ここで既に戸惑っている人もいるのではないでしょうか。なにせ、Excelの画面とは全く違う画面になるのですから。

VBAを入力・編集する画面

実はこの画面、VBE（Visual Basic Editor）といって、VBAを入力したり、編集したり、さらには実行したりすることができる画面なのです。

つまり、VBAはExcelとは別の画面で入力したり、編集したりすることになります。

図2-2-4　VBAを入力・編集するためのVBE

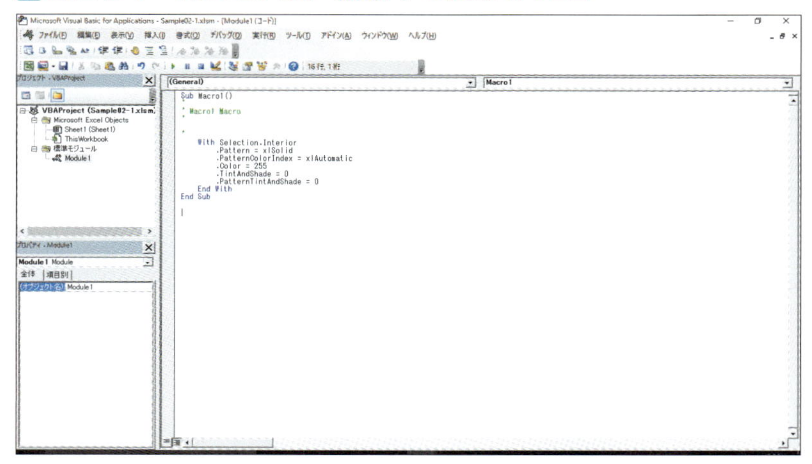

VBAは、この画面で入力したり編集したりします

いきなり全く違う画面を使うことになるので、最初は戸惑うと思いますが、触っているうちに徐々に慣れてきますから頑張りましょう。

また、本書ではいきなりこの画面にある機能を全部紹介するなんてことはしません。必要に応じて1つずつ紹介していきますから、その点も安心してください。

とりあえずは、**「VBAは、Excelとは別の画面を使って入力したり編集したりする」**ということを覚えておきましょう。

さて、実際にVBAで何かを作る時には、頻繁にExcelの画面とこのVBEの画面を切り替えることになります。ですから、先ほどこの画面を表示する時に使った[Alt]キー+[F11]キーのショートカットキーは、ぜひ覚えておいてくださいね。このショートカットキーは、Excelの画面とVBEの画面を切り替えるショートカットキーになりますから。

なお、確認できたら「2-1.xlsm」ファイルは閉じておいてください。

VBEはどこで入手できるの？

ここが疑問！

VBEは、Excelが入っているパソコンであれば必ず入っているので、別途自分でなにか準備したりする必要はありません。

では、そろそろ話を「VBAの記述場所」に戻します。

まず覚えて欲しいのが、「モジュール」という言葉です。

「モジュール」とは

「モジュール」とは、VBAを記述する場所です。全てのVBAの命令はモジュールに記述します。Excelのデータは全てワークシートに入力しますよね。それと同じです。VBAの場合は、ワークシートではなくモジュールなのです。

図2-2-5　VBAはモジュールに記述する

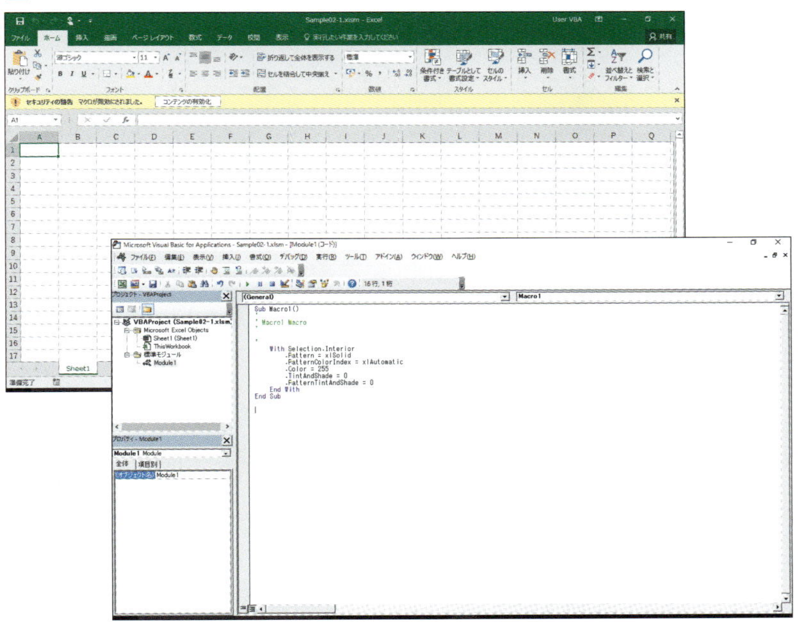

Excelのデータをワークシートに入力するのと同じように、VBAはモジュールに入力します

先ほど、VBAの記述場所を確認する時に、モジュールはモジュールでも「標準モジュール」という言葉が出てきましたよね。実は、モジュールには複数の種類があります。

ただ、今の時点では『VBAを記述するのは「標準モジュール」』と覚えていただければ十分です。それ以外は、実際に使う場面になった時に考えればOKでしょう。

この「標準モジュール」ですが、先ほどは「標準モジュール」の中の「Module1」に、VBAが記述されていましたよね。

実は、この「標準モジュール」は1つではなく、必要に応じていくつも作ることができるのです。ちょうど、表の種類や数に応じてワークシートの数を増やしたり減らしたりできるのと同じです。

ですから、「標準モジュール」の中に、ここでは「Module1」だけですが、「Module2」「Module3」と必要に応じていくつも作ることができます。

マクロの記録では自動的にこのモジュールが作られましたが、実際にVBAを自分で記述する時には、標準モジュールを自分で作るところから作業が始まります。

そこで、実際に標準モジュールを1つ追加してみましょう。

標準モジュールを追加する

まずは新規にファイル（ブック）を作成し、Alt キー＋ F11 キーでVBEの画面にしてください。

図2-2-6　新規にファイルを作成してVBEの画面にする

まずはVBEの画面を表示しましょう

実際に何かVBAで作る時も同じ手順になりますから、ここはしっかりと覚えておいてくださいね。

図2-2-7　「標準モジュール」を追加する

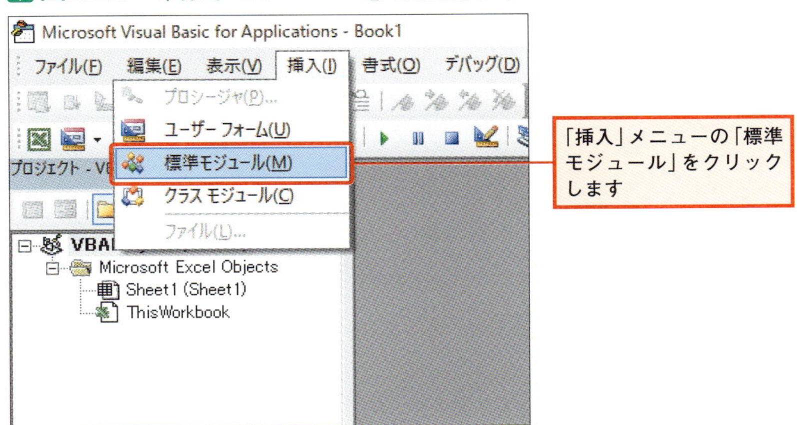

図2-2-8　モジュールが追加された

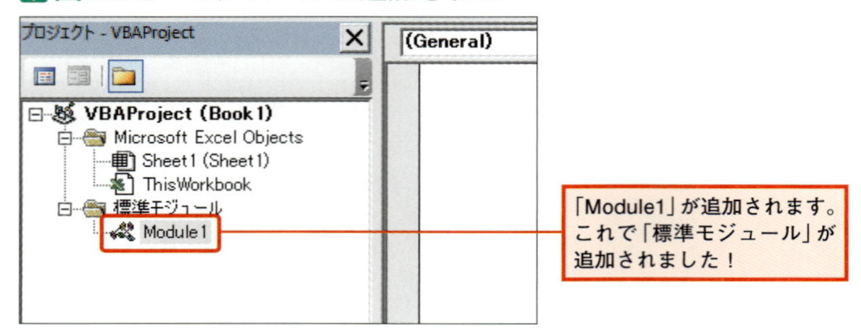

操作はこれだけです。これでモジュールを追加することができました。ちなみに、モジュールをさらに追加すると、「Module2」が追加されます。

この「Module1」とか「Module2」というのはモジュールの名前で、VBEが自動的に付けてくれます（名前が自動で付くのも、ワークシートと同じですよね）。

実際には、この後画面の右側（マクロの記録でVBAが書かれていたところです）に、自分でVBAを入力することになりますが、ひとまずここまでにしておきましょうか。

VBEについて、最初に知っていてもらいたいことはこれで終わりです。

次の2-3では、VBAの入力方法や実行方法、そしてVBAが書かれているファイルの保存方法について説明します。今、操作したファイルをそのまま使いますので、ファイルを閉じないでくださいね。

VBAの入力方法

VBAを入力する際の基本は？

「標準モジュール」が追加できたら、実際にVBAを入力してみましょう。第3章以降では、「じゃんけんゲーム」や「請求書作成ツール」を作っていくのですが、そもそもVBAの入力方法がわからないと何も始まりませんからね。

早速ですが、「初めてのVBA」と画面に表示するためのプログラムを作ってみましょうか。

図2-3-1　これから作るプログラムの実行結果

このようなメッセージ（この画面をメッセージボックスと言います）を表示するためのプログラムを作ります

用語解説

メッセージボックス

VBAを使うと、Excelの画面にメッセージを表示することができます。図2-3-1のような画面を、メッセージボックスと言います。

先ほど追加した「標準モジュール」に、VBAを入力します（「VBAを入力する」という表現、わかりづらいかもしれませんが、とりあえず気にしないで進んでください）。

入力する場所は、「標準モジュール」を追加した時に表示された図2-3-2の部分です。

図2-3-2　VBAを入力する場所

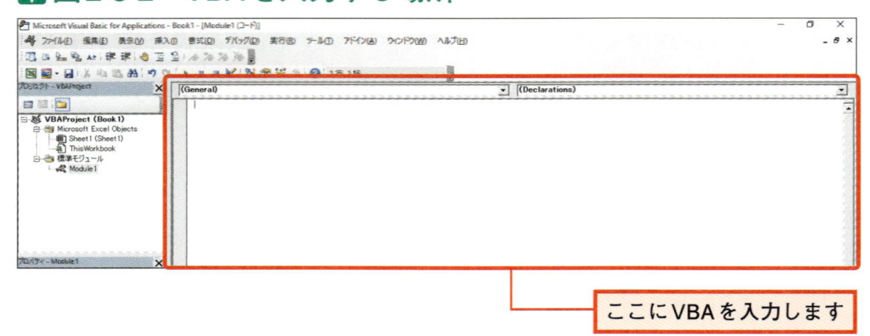

そして、入力するVBAの内容は次のとおりです（この後、細かく説明するので、まだ入力しないでくださいね）。

入力するVBA

```
Sub Renshu()
    MsgBox "初めてのVBA"
End Sub
```

この3行のVBAが、先ほどのメッセージを表示するプログラムになります。

ここでおそらく皆さんは、「Subとは何なのか」「MsgBox "初めてのVBA"って何なのか」といった疑問を抱いていることでしょう。

それらについては後でちゃんと説明するので、ひとまず「初めてのVBAと表示するプログラムを作るんだな」ということで納得してください。

では、次の手順へ進みます。

図2-3-3　最初の1行を入力する

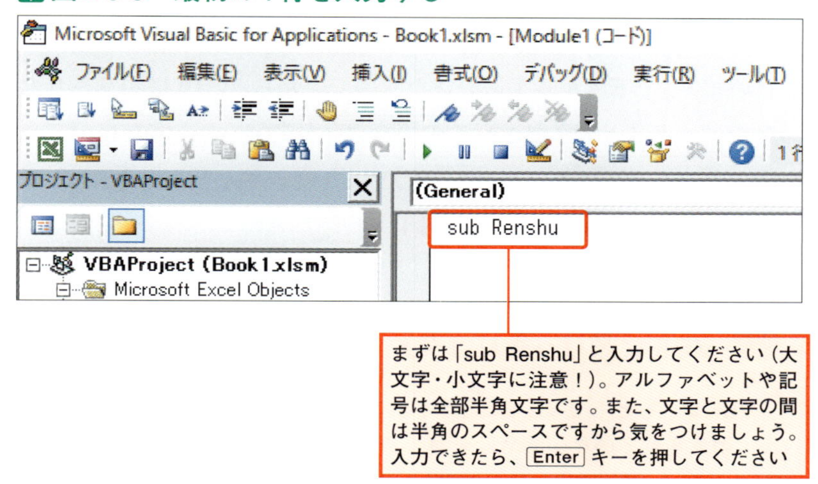

図2-3-4　自動的に文字が変換・入力される

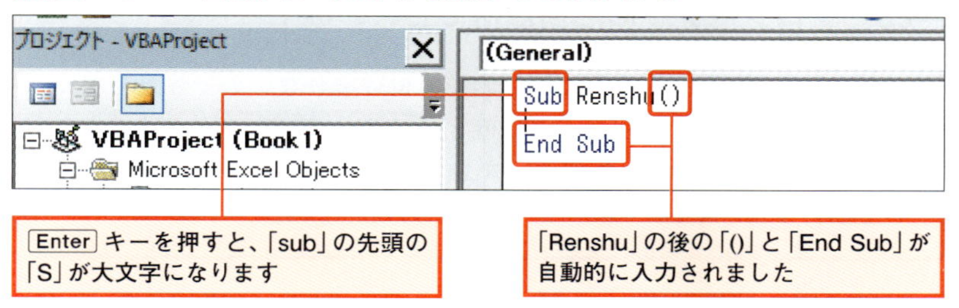

このように、実はVBEには「入力を助けてくれる機能」があります。便利ですよね。特に、「sub」と入力したのに「Sub」と、「S」を大文字にしてくれる機能は便利です。

VBEは、VBAに用意されている命令であれば、仮に全部小文字で入力しても、この「Sub」のように必要な部分を大文字に直してくれます。これだけでも、入力はだいぶ楽になりますよね。

なお、「Renshu」の方は、このプログラムの名前（「プロシージャ名」と言います）で筆者が勝手につけたものですから、VBAに用意された命令ではありません。だからこの場合は、大文字・小文字を自分で正しく入力しなくてはなりません（ただし、1度きちんと入力すれば、次からはVBEの方で直してくれます）。

注意

VBEに頼りっきりはダメ！

VBEは、もともとVBAに用意されている命令は変換してくれますが、用意されていない命令は変換してくれません。

ここが疑問！

プロシージャの名前は何でもいいの？

プロシージャの名前には、同じ名前が付けられないので注意してください。また、プロシージャ名に使えるのは、「英字、ひらがな、全角カタカナ、漢字、数字、アンダースコア（_）」なのですが、先頭は文字でないとダメです。

さて、ここまでできたら入力するのはあと1行だけです。図2-3-5のように、「MsgBox "初めてのVBA"」と入力してください。

図2-3-5　残りのVBAを入力する

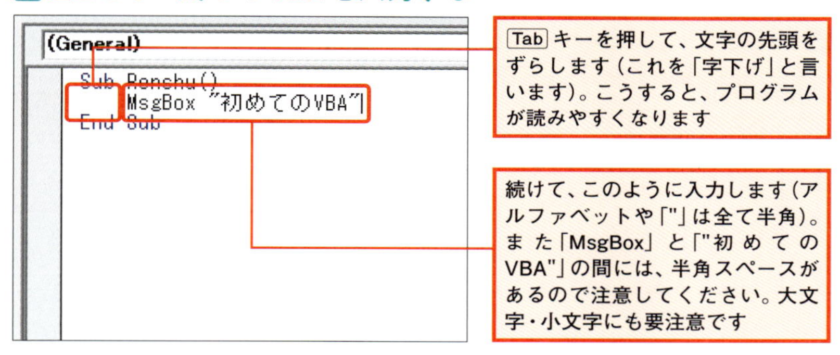

注意

半角と全角を使い分けること！

VBAの世界では、半角の「A」と全角の「Ａ」は別の文字になるので、場合によってはVBAがうまく動かない原因になります。半角・全角の違いは気をつけましょう。

ここが疑問！

字下げはしないとダメなの？

字下げはあくまで「プログラムを読みやすくする」ためのものです。字下げの有無が実行結果に影響を及ぼすことはありません。なお、VBAでは Tab キーによる字下げが一般的です（1回押すと4文字分字下げされます）。とはいえ、スペースキーによる字下げでも問題ありません。

入力できたら、早速実行してみましょう。

VBAを実行してみる

まずは、入力したVBAのどこかをクリックして、カーソルを置いてください。

図2-3-6　カーソルをVBAの中に置く

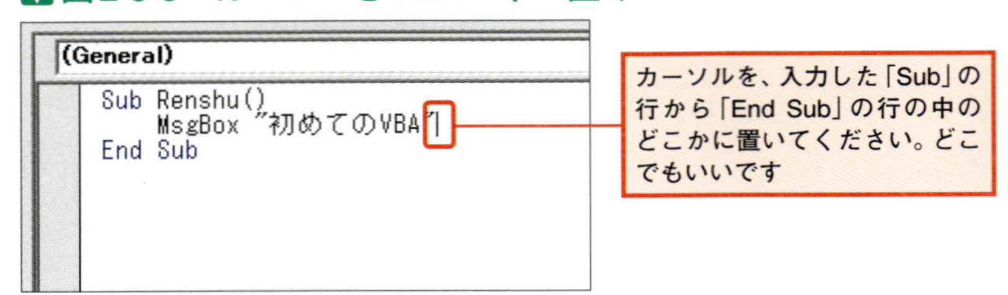

カーソルの位置は「Sub」の先頭でも、「End Sub」の最後でも、どこに置いても問題ありません。とにかく、「Sub」の行から「End Sub」の行の中なら大丈夫です。

カーソルの位置を確認できたら、いよいよ実行します。図2-3-7の実行ボタンをクリックしましょう。

図2-3-7　プログラムを実行する

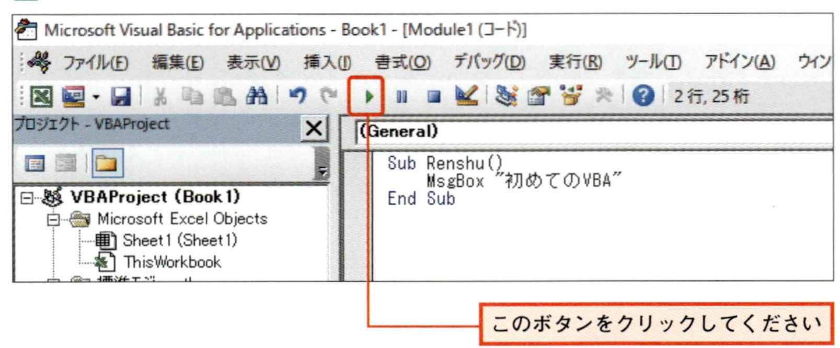

実行ボタンをクリックしてもエラーが出ず、メッセージが表示されたら成功です。

図2-3-8　実行結果

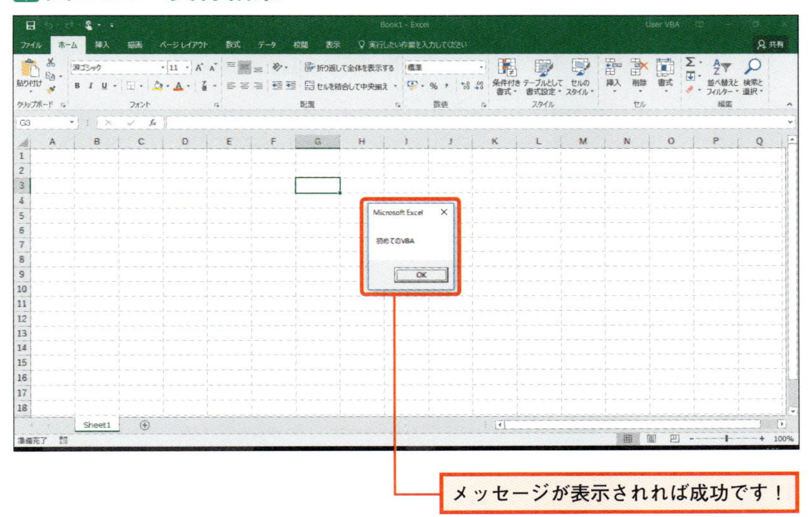

画面が自動的にExcelに切り替わって、メッセージボックスが表示されます。確認できたら、「OK」ボタンをクリックしてメッセージボックスを閉じましょう。

もしうまくいかなかった場合は、おそらく図2-3-9のようなエラーメッセージが表示されているはずです。

図2-3-9　エラーメッセージ

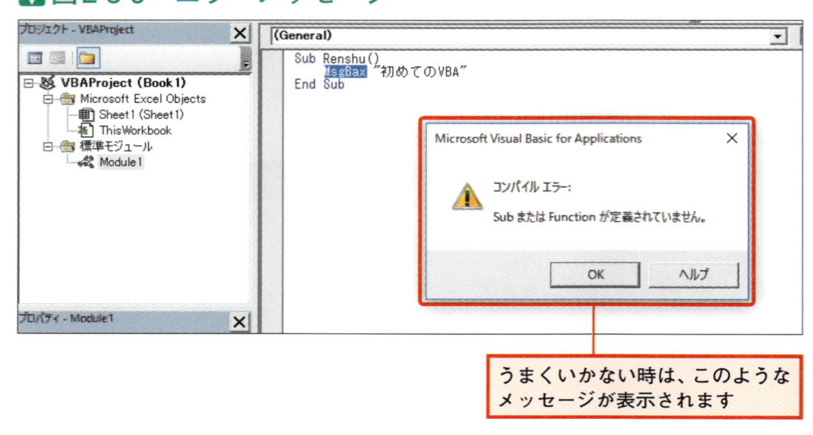

メッセージの細かな内容は、実際にどのようなミスをしてしまったかによります。この図では、MsgBoxのスペルを間違った場合のメッセージが表示されています。

エラーになってしまった場合は、次の手順で修正をしましょう。まずは、このエラーメッセージを閉じます。

図2-3-10　まずはメッセージを閉じる

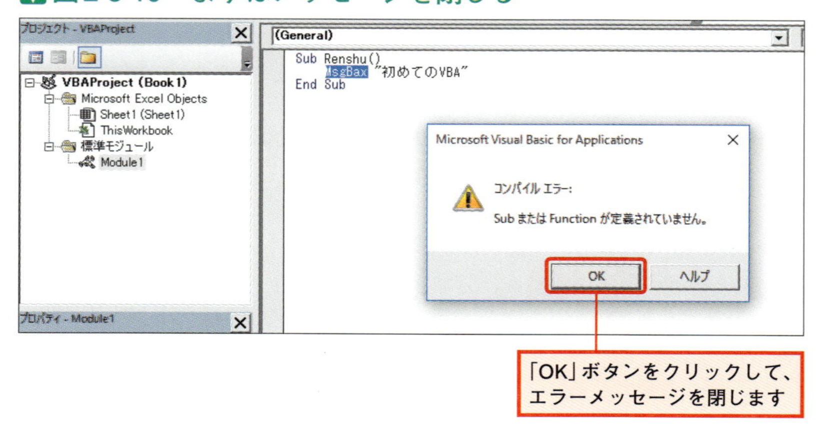

メッセージを閉じると、入力したVBAのSubの行が黄色くなり、MsgBaxの文字が反転します。これは、「この部分がエラーだよ」とVBEが教えてくれているのです。ですので、反転している場所を確認しておきましょう。

ところで、先ほどの「エラーメッセージを閉じた状態」は、実はまだプログラムが実行中で、エラーが起きている途中で止まっている状態です。だから、修正するためにはプログラムを終了させねばなりません。

図2-3-11　リセットボタンをクリックしてプログラムを終了する

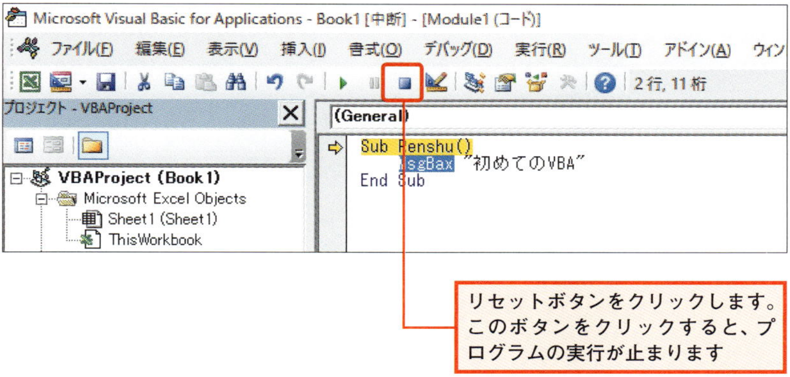

リセットボタンをクリックします。このボタンをクリックすると、プログラムの実行が止まります

終了させたら、実際にエラーになっていたところを確認して、ミスを修正します。この例では、「MsgBox」のスペルが違っています。これを修正します。

修正し終わったら、先ほどと同じように、再度プログラムを実行してみてください。なお、**プログラムを実行するときに「実行」ボタンをクリックしましたが、代わりに F5 キーを押しても実行できます。**

入力したVBAを確認する

　メッセージが表示されただけとはいえ、とりあえずは1つのプログラムを作ることに成功しました。

　ここで一旦、皆さんが作ったVBAが何なのかを、あらためて見ていきましょう。

　先ほど入力したVBAは、次のようになります。

入力したVBA

```
Sub Renshu()
    MsgBox "初めてのVBA"
End Sub
```

　これがVBAのプログラムですが、ポイントは、VBAでは「Sub」から始まって「End Sub」までが1つのまとまりだという点です。

　そして、このまとまりのことをVBAでは「プロシージャ」と呼びます。

　つまり、「Sub」はプロシージャの始まりを、そして「End Sub」はプロシージャの終わりを表すことになるのです。

　また、Subの後の「Renshu」が、このプロシージャの名前です。

　ですから、このプロシージャは「Renshuプロシージャ」ということになります。

プロシージャ

用語解説

プロシージャは、プログラムのまとまりを表します。プロシージャにも色々な種類があるのですが、他と区別するためにSubから始まるプロシージャを「Sub（サブ）プロシージャ」と呼ぶことがあります。ですから、「Renshu」というSubから始まるプロシージャを正確に言うと、「Renshu Subプロシージャ」となるわけです。

さて、入力したVBAの残り1行ですが、このうち「MsgBox」がメッセージを表示するための命令で、「初めてのVBA」が実際に表示するメッセージです。

ここで、実行結果の画面を思い出してみてください。

「"」が表示されていませんでしたよね。

VBAでは、メッセージとして表示したい文字は「"」で囲みます。ですから、「"」そのものは表示されないのです（囲むのは文字の時だけです。数値の場合は、「"」では囲まなくて結構です）。

図2-3-12　メッセージを表示するVBA

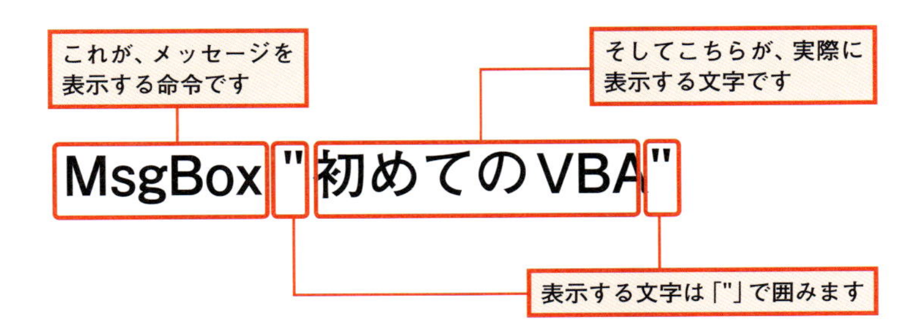

この「文字は""で囲み、数値は囲まない」というルールは、今回のようにメッセージを表示するだけではなく、この後、第3章で行うセルに文字を入力する際にも共通のルールとなります。きちんと覚えておきましょう。

以上、これが作成したプログラムの全体ということになりますが、いかがでしょうか？

簡単なメッセージを表示するだけなので、それほど難しくはなかったと思います。でも、簡単だったといって油断しないでくださいね。これが今後、VBAを入力する際の基本となるのですから。

なお、このファイルはこの後も使いますから、閉じないでおいてください。

プロシージャとプログラムの関係

ここでは1つのプロシージャを作ったわけですが、それがメッセージを表示するためのプログラムでした。

次へ進む前に、ここであらためて「プロシージャとプログラムの関係」について、少し詳しく説明しておきたいと思います。

「メッセージを表示するプログラム」は、1つのプロシージャでできていました。実は、VBAではプロシージャの無いプログラムはあり得ません。どんなプログラムでも、必ず1つはプロシージャがあるのです。

では逆に、全てのプログラムが1つのプロシージャでできているのかというと、それは違います。プログラムによっては、いくつものプロシージャがあるケースもあるのです。

整理すると、次のようになります。

- **VBAのプログラムは、最低でも1つのプロシージャでできている**
- **ただし、プログラムによってはいくつものプロシージャで作られているものもある**

これ、VBAで作るプログラムすべてに共通なので、しっかりと覚えてくださいね。

続けて、用語についても少し説明しておきます。

プログラムなどの用語について

ここまでずっと、「VBAを入力する」という言葉を使ってきました。でもこの表現、日本語文法的に考えても少し違和感がありますよね。

だからここで、用語の使い方について整理したいと思います。

まずは、第1章で説明した「プログラム」です。「プログラム」は、Excelに対する指示書でしたよね。そこで本書では、作成中の指示書や、指示書の一部分のことではなく、あくまでも「完成した指示書全体」=「プログラム」と呼ぶことにします。

それに対して、例えば指示書の最初の5行とか、最後の1行とか、一部分を指すときには、「コード」という言葉を使います。

そしてもう1つ、先ほどのMsgBoxのように「命令」を表す単語があります。

図2-3-13　プログラムとコード、命令

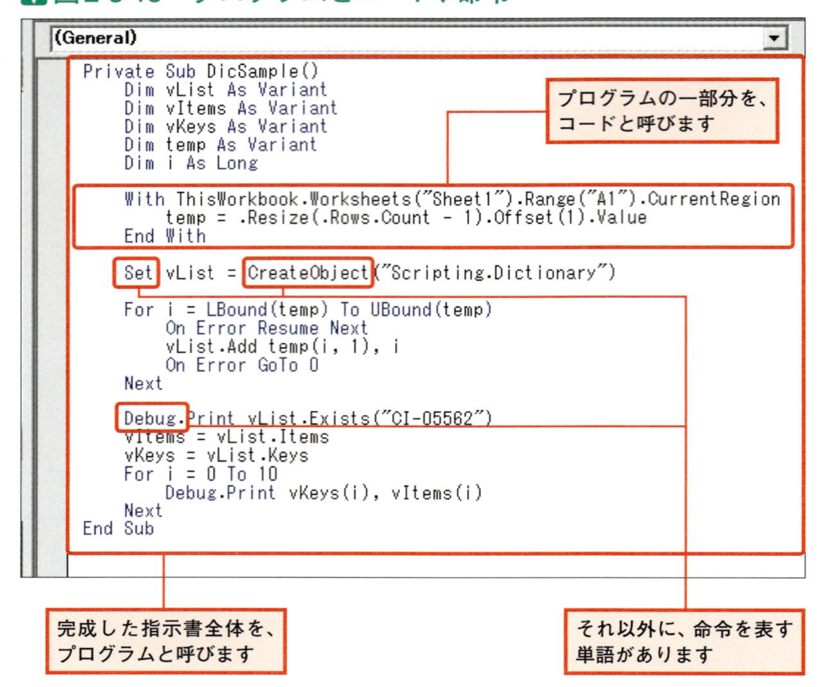

いかがでしょうか？

本書では、ここから先は「VBAを入力する」ではなく「コードを入力する」という言葉を使うことにします。例えば、『「じゃんけんゲーム」プログラムの最初の5行のコードを入力します』みたいな感じです。

この方が、しっくりきますよね。

2-4 たったこれだけ！「VBA」の基本

VBAの実行方法

プログラムを実行するには

先ほどは、プログラムをVBEの画面から実行しました。プログラムを作っている最中はこの方法が便利なのですが、実際に作ったプログラムを使う時に、いちいちVBEに切り替えて実行するなんて面倒なことはしたくないですよね。普通は、ワークシートに「実行」ボタンとかを用意するはずです。

図2-4-1　普通はプログラムの実行ボタンを用意する

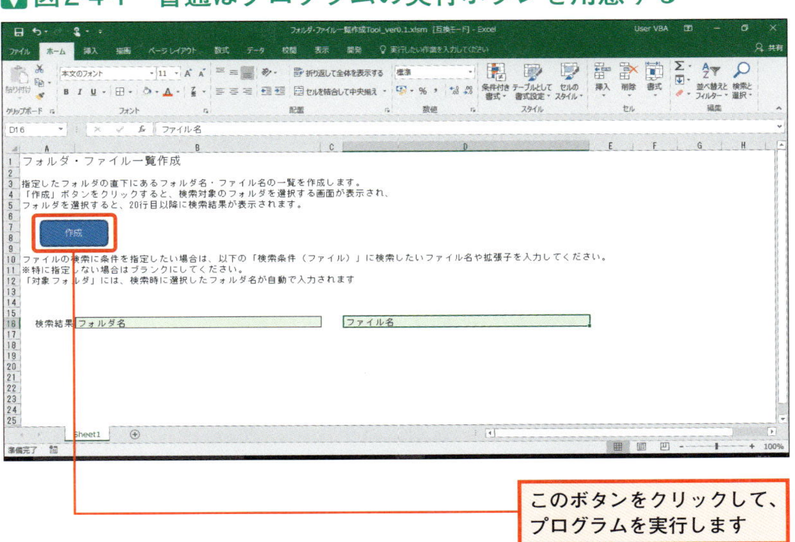

プログラムには普通、こういった「実行」ボタンがあります。「実行」ボタンをどこに作るかについて、特に決まりはありません。実際に使う人が使いやすい位置に配置します。

なお、作ったボタンは、そのファイルと一緒に保存されるので、削除しないかぎりはプログラムの実行ボタンとして利用し続けることが可能です。

それでは、最初に作成した「Renshu」プログラムを実行するためのボタンを作ってみましょう。ここでは、よく使われる方法を1つ紹介します。

「Renshu」プログラムを実行するためのボタンを作る

次の手順で、プログラムを実行するためのボタンを作ります。ただし、ボタンと言っても今回はExcelにもともと用意されている図形を使います。実は、Excelの図形はプログラムを登録して、ボタンとして使うことができるのです。

ここでは、ワークシート上に四角形を作って、それにプログラムを登録することでボタンとして使えるようにします。

手順は、次のようになります。

図2-4-2　四角形にプログラムを登録する

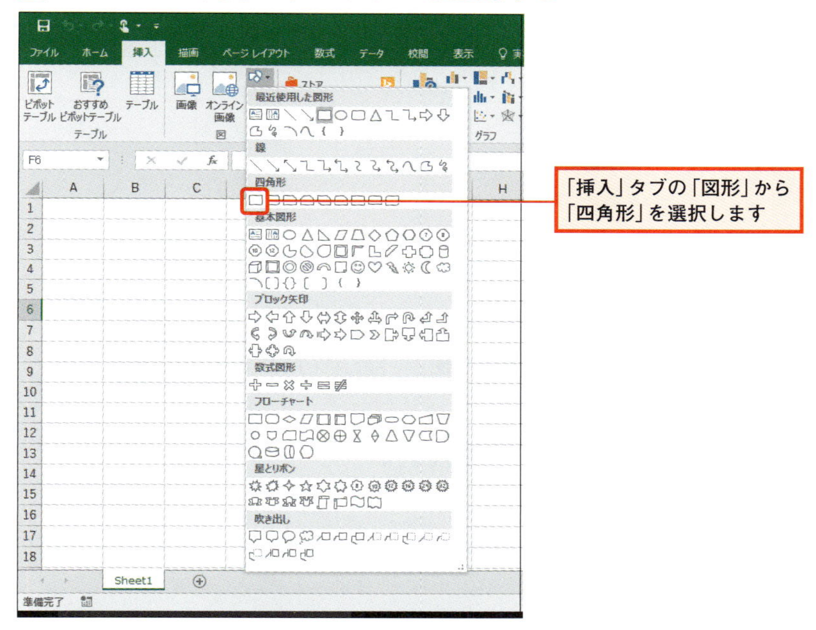

ここでは四角形を使いますが、丸でも三角でもハートマークでもなんでも結構です。また、図形をボタンとして使っても、図形の色を変えたり大きさを変えることは、通常の図形と全く同じようにできます。

「四角形」を選択したら、ワークシート上でドラッグして四角形を作成してください。今回は練習ですから、場所や大きさはお任せします。

ただ、先ほどのボタン同様、実際のプログラムでは、使う人が使いやすい位置を考えて配置する必要がありますからね。

図2-4-3　四角形を作成する

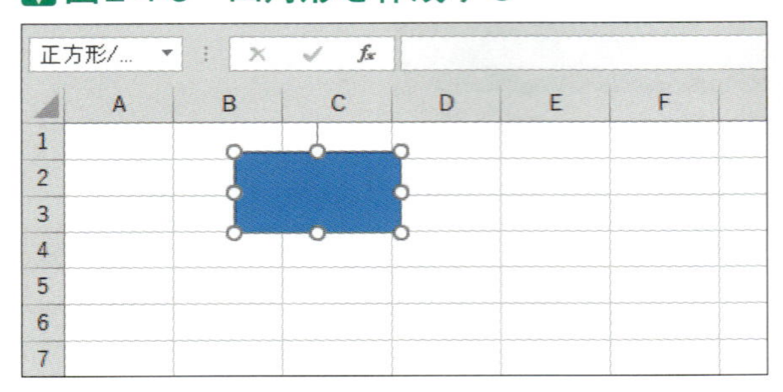

次に、四角形をボタンとして使うため、プログラムを登録します。

図2-4-4　プログラムを登録する

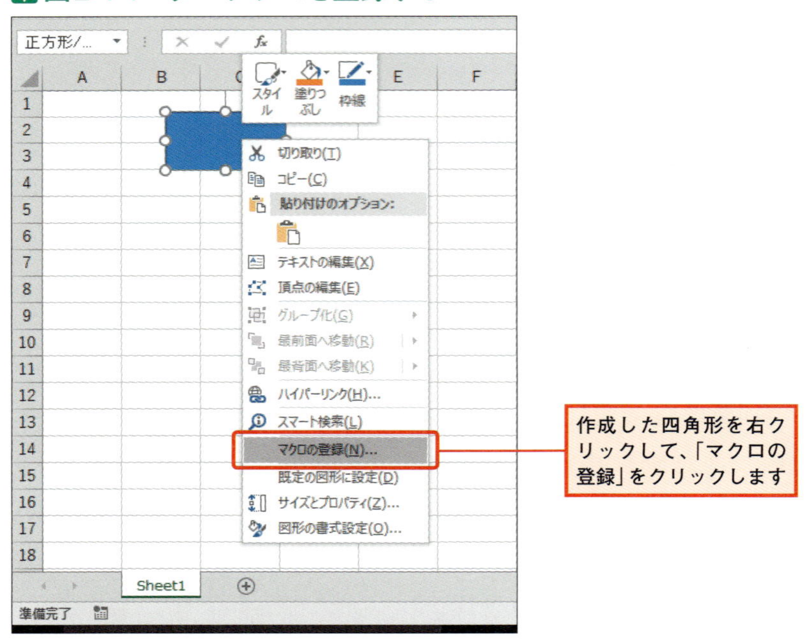

「マクロの登録」をクリックすると、図2-4-5の画面が表示されます。

図2-4-5　プログラム（マクロ）を登録する

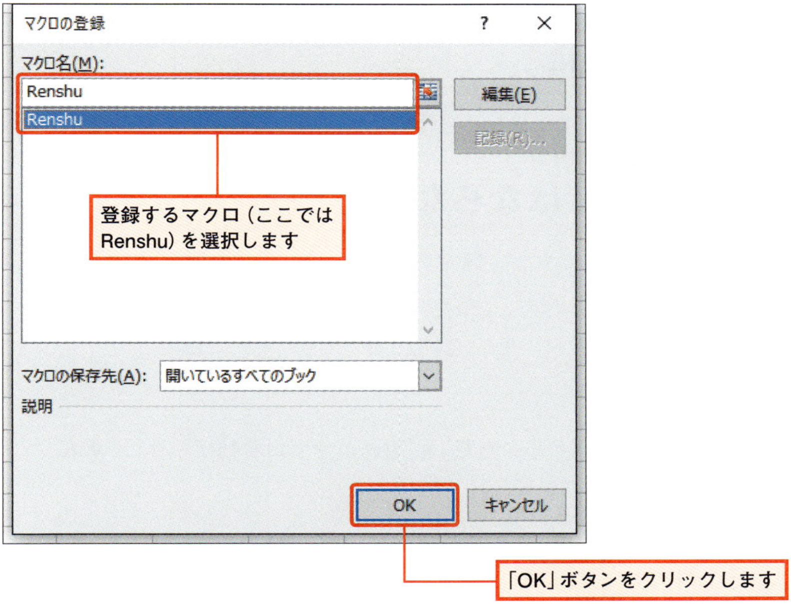

登録するマクロ（ここではRenshu）を選択します

「OK」ボタンをクリックします

以上です。

これで図形（ここでは四角形）を、プログラムを実行するためのボタンとして設定することができました。

いかがでしたか？

これで皆さんは、簡単なものだとはいえ、実際にプログラムを作り、そのプログラムをワークシート上のボタンから実行することができるようになったわけです。

そして、この「プログラムを作って、ボタンから実行できるようにする」という行為は、業務で使う複雑なプログラムを作る場合も全く同じです。

ですから、しっかりと頭に入れておいてくださいね。

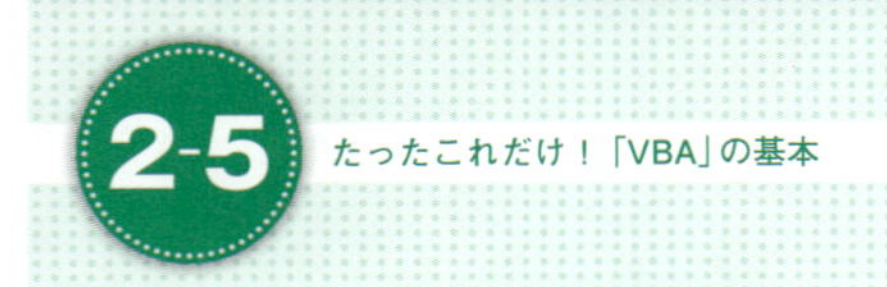

VBAを含むファイルの保存

注意しなくてはならないこと

ファイルの保存ですが、通常のExcelファイルの保存方法と大きな違いはありません。ただ、1つだけすごく大切なことがあります。

それは、

保存する時、「ファイルの種類」を「Excelマクロ有効ブック」にする

これ。これをしないと、せっかく入力したVBAが全て消えてしまいますからご注意ください。

実は、Excelは2007バージョンからVBAがあるファイルとVBAが無いファイルで、ファイルの形式（種類）が異なるようになりました。

通常のVBAが無いファイルは、ファイルの形式（種類）を表す拡張子が「xlsx」になりますが、VBAがあるファイルの場合は「xlsm」となります（末尾がmになります）。

用語解説

拡張子

拡張子は、ファイル名の最後にピリオドに続けて付けられる文字で、ファイルの形式、つまり「ファイルの種類」を表します。

例えば、PDFファイルであれば「.pdf」ですし、Wordであれば「.docx」です。また、圧縮ファイルでしたら「.zip」などがあります。

では、実際に保存してみましょう。

先ほど、モジュールを追加したファイルがありますよね。これを使います（もし、ファイルを閉じてしまった方は、前節の手順で新しいファイルにモジュールを追加したところまで操作してください）。

VBAがあるファイルを保存する

では、早速ファイルを保存しましょう。今回はファイル名を「はじめてのマクロ」に、保存先は「2Sho」フォルダにします。

図2-5-1　「名前を付けて保存」を開く

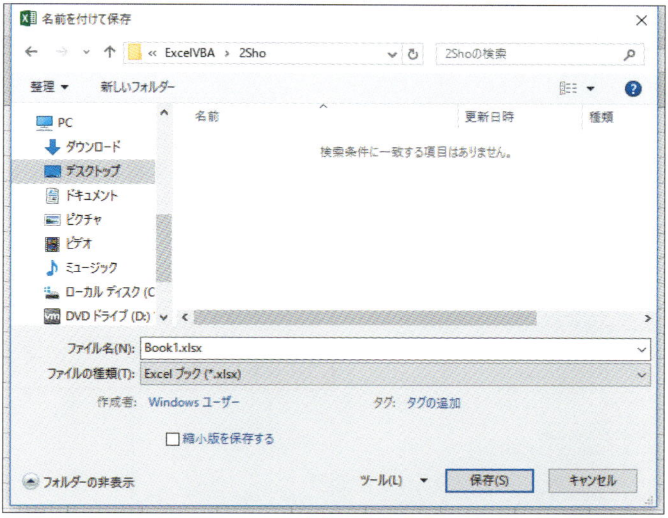

F12 キーを押して、「名前を付けて保存」を開きます。続けて、保存場所を「2Sho」フォルダにします

図2-5-2　ファイル名を付ける

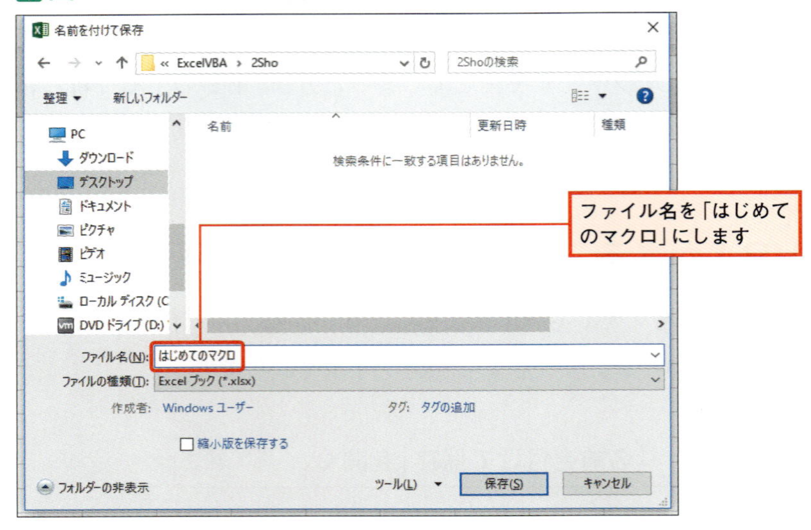

図2-5-3　「ファイルの種類」を選ぶ

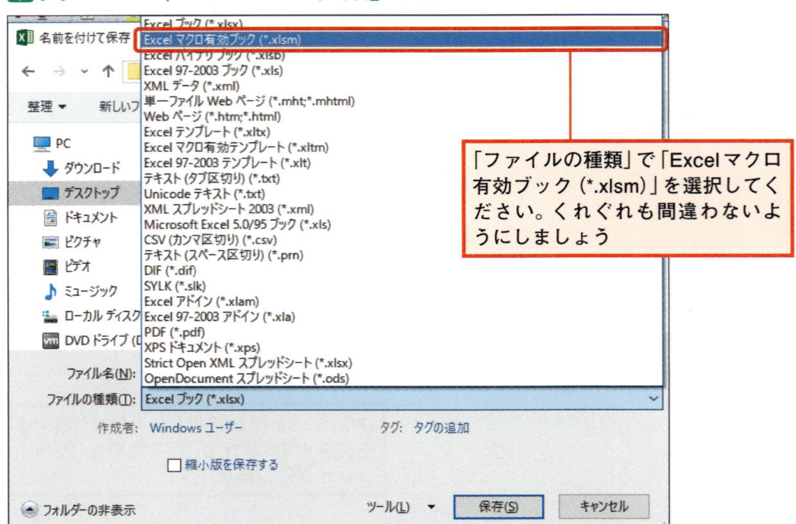

図2-5-4　「保存」する

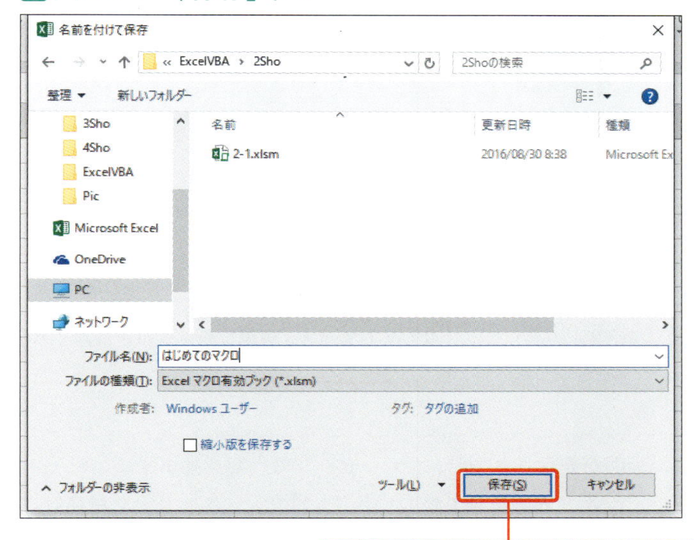

「ファイル名」と「ファイルの種類」が指定できたら、「保存」ボタンをクリックしてファイルを保存します

実際にプログラムを作るときには、当たり前ですがこまめに保存するようにしましょう。また、大きな変更などを行うときには、先にファイルをコピーしてバックアップを取るようにしてください。

これで、ファイルが保存されました。

繰り返しになりますが、ファイルの種類を変えずに保存すると、入力したVBAが全て消えてしまいますから注意してください。

なお、「ファイルの種類」を変更せずに「保存」ボタンをクリックすると、次のメッセージが表示されます。

図2-5-5 「ファイルの種類」を変更しなかった場合

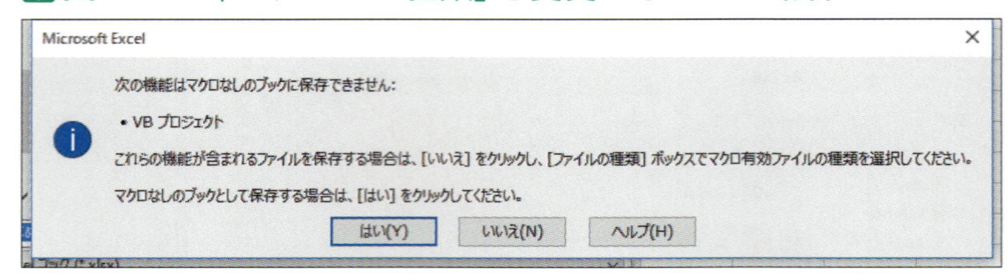

もし間違ってこのメッセージが表示されたら、「いいえ」をクリックして「ファイルの種類」をきちんと選択してください。「はい」をクリックしてしまうと、作成したマクロが削除されてしまいます

こういった画面が表示された時に、メッセージの内容を読まずに「はい」をクリックしてしまう人が意外と多くいます。確かに、メッセージ自体読んでもわかりにくいものも多くありますが、とりあえずは慌てずにメッセージを読むようにしましょう。

以上で、VBAの基本についての話は終了です。

第3章からはいよいよ、実際にVBAでプログラムを作りながら、VBAの入力方法などについても詳しく説明していきますね。

「じゃんけんゲーム」を作ろう

ここから先はいよいよ、コードを実際に入力していきます。そして手始めに、第2部では「じゃんけんゲーム」を一緒に作ってみましょう。

「じゃんけんゲームなんか作っても、仕事に使えないだろ」
「そもそも、そんなんでVBAを使えるようになれるの？」

はい、そんな風に思う気持ちはわかります。でも、1つ目のサンプルを「じゃんけんゲーム」にしたのには、ちゃんと理由があるのです。

「じゃんけんゲーム」には、VBAを使って次の機能を持たせるのですが、

- **セルに「グー」「チョキ」「パー」の文字が入力される**
  →勝ち負けを判定する
  →勝ち負けによってセルの色を変える
  →3回勝負といった複数回の勝負をできるようにする

これらの機能は、言い換えると次のような処理を行うということです↓

- **セルに文字を入力する**
- **セルに入力された値を比較して、条件に応じた処理を行う**
- **セルの書式設定を行う**
- **繰り返し処理を行う**

どれも、VBAで行う処理としては基本的なものばかりです。そして、実務でも頻繁に使うことになるでしょう。

だからこそ、まずはこれをマスターしていただくわけです。

というわけで、軽く「じゃんけんゲーム」でも作りながら、VBAのキホンについて一緒に学んでいきましょう！

まずは「セルの操作」について

3-1 まずは「セルの操作」について

なぜ、「セルの操作」から学ぶのか

VBAを身に付けるための最初の一歩

あらためて書きますが、本書のミッションは次のゴールに到達することです。

本書が目指すゴール

- プログラムの入力方法がわかる！
- プログラムの実行方法がわかる！
- 基本的な構文ならわかる！
- 基本的な命令ならわかる！
- そして、簡単なプログラムなら1人で作れるようになった！

本章ではその第一歩として、「セルの操作」について学んでいただきます。

「セルの操作」から始める理由

実はけっこう単純な理由で、VBAのプログラムで出てくる回数が最も多いのが「セルの操作」だからです。

今後、色々な命令が出てきますが、個々の命令を学習する時に「セルの操作」を知っていないと困るケースが多々あります。だから、まず最初に「セルの操作」について学んでいただくわけです。

図3-1-1　どんなプログラムでも必ずセルを使う

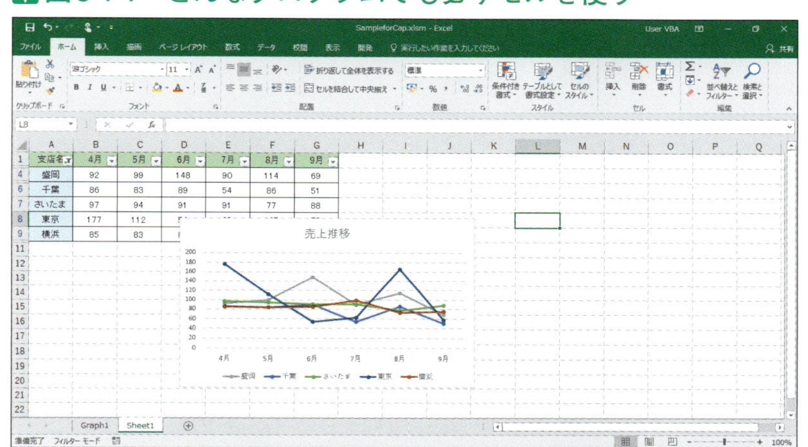

VBAのプログラムでは、必ずセルの操作が出てきます

皆さんは、「セルの操作」と聞いて、まず何をイメージしますか？

例えば、「セルA1を選択する」とか「セルA1に値を入力する」といった操作をイメージするのではないでしょうか。

では、例えば「セルA1を選択する」ためのプログラムを作りたいとしましょう。その場合、「選択する」という命令を使いそうですよね。でもその前に、そもそも「セルA1」って、VBAだとどう書くのでしょうか？　これがわからないと、始まりませんよね。

そこで、「セルの操作」のための具体的な命令の前に、「そもそも、セルA1をVBAでどう書くのか」というところから始めたいと思います。

3-2 まずは「セルの操作」について

セルを表すための命令

VBAで「セルA1」はどう書くのか

VBAのコードに直接「セルA1」と書いても、プログラムとして動いてはくれません。それは、「セルA1」という命令がVBAには無いからです。

そこで、「Range」という命令を使うことになります。

具体的には、次のような書き方です。

セルA1の表し方

```
Range("A1")
```

Rangeの後にセル番地を半角文字で入力し、半角カッコで囲みます。また、セル番地は「"(ダブルクォーテーション)」で囲みます(全て半角文字です。気をつけましょう)。

これで、「セルA1」という意味になります。気をつけて欲しいのは、この「Range("A1")」というのは、単に「セルA1」という意味の命令だということです。

わかりにくいですよね。

つまり、セルA1を選んだり文字を入力したり、といった具体的な操作を表した命令ではなくて、単に「セルA1」を表しているだけ、という意味です。

ですので、実際にプログラムを作る時には、この「Range("A1")」に続けて、セルを選択する命令や文字を入力する命令などを書くことになります。

ここが疑問！

セル番地は大文字で指定しなくてはダメなの？

ここでは、セルA1を「Range("A1")」のように大文字で指定しました。これを「Range("a1")のように、「A」を小文字の「a」で指定してもOKです。ただし、小文字だと「l（エル）」のように、大文字の「I（アイ）」と見間違えやすい文字があるので、大文字で指定することをおすすめします。

では、このRangeを使った具体例を見てみましょう。

「セルB5を選択する」ためのプログラムです。

サンプルを用意しています。「3Sho」フォルダにある「3-1.xlsm」を開き、VBEを表示してプログラムの動作を確認してみてください。

▼セルB5を選択するプログラム

```
Sub RangeSample01()
    Range("B5").Select
End Sub
```

▼図3-2-1　実行結果

	A	B	C	D	E	F
1						
2						
3						
4						
5						
6						

セルB5が選択されました

注意

命令は全て半角

VBAの命令は全て半角です。英数字だけではなく、「()（カッコ）」や「"（ダブルクォーテーション）」、スペースも全て半角ですよ。

ここでは、セルを「選択する」ために「Select」という命令を使っています。また、「Range("B5")」と「Select」の間には、図3-2-2のように、「.（ピリオド）」があることに注意してください。

VBAでは、命令をつなげるために「.（ピリオド）」を使います。

図3-2-2　VBAの命令のつなぎ方

```
Range("B5").Select
```

命令は「.（ピリオド）」でつなぎます

大事なことなので、ここでちょっと整理しておきますね。

- VBAでは、セルはRangeという命令を使って書くことができる
- Rangeの後のカッコの中に、セル番地を指定する
- セルを操作する命令は、ピリオドに続けて書く

これが、セルの操作の全ての基本になります。だから、しっかりと覚えておいてください。

さて、1つのセルを表す方法がわかると、次は「セルA1からセルB5まで」といったセルの範囲を表す方法が気になりますよね。

実際にExcelを操作している時は、例えばSUM関数を使って合計を求める時など1つのセルじゃなくて、複数のセル（これをセル範囲といいます）を選ぶことがよくありますから。

というわけで、次は複数のセルの書き方についてです。

用語解説

セル範囲

複数のセルで表される範囲のことを、セル範囲と言います。例えば、セルA1からB5のように連続した範囲や、セルA1とB5からC6のように離れた範囲などです。

複数のセル（セル範囲）の書き方

例えば、セルA1からB5のセル範囲は、次のように書くことができます。

セルA1からB5の書き方

```
Range("A1:B5")
```

対象のセル範囲を「"（ダブルクォーテーション）」で囲むことは、セルが1つだけの時と同じですが、セル番地の表し方に気をつけてください。

図3-2-3　セル範囲の表し方

図3-2-3にあるように、「:(コロン)」がポイントです。しつこいですが、この「:(コロン)」も半角ですからね。こうすることで、セルA1からセルB5というセル範囲を表すことができます。

では、実際にセルを選ぶプログラムを見てみましょう。セルA1からセルB5を選択するためのプログラムです。

このプログラムも、先ほど開いたサンプル「3-1.xlsm」に保存されているので、動作を確認してみてください。

セルA1からセルB5を選択するプログラム

```
Sub RangeSample02()
    Range("A1:B5").Select
End Sub
```

図3-2-4　実行結果

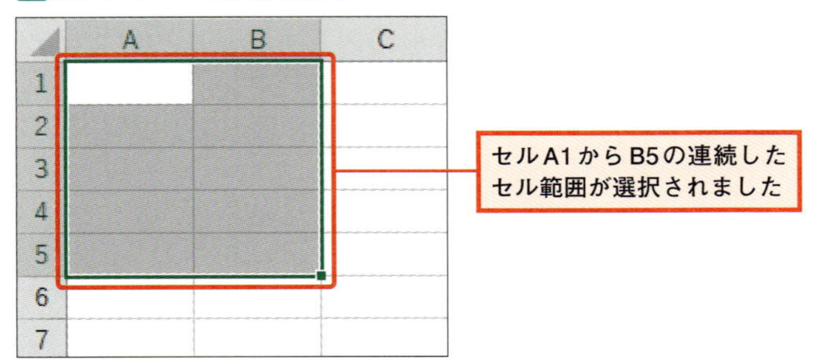

ここが疑問！

離れた範囲はどう指定するの？

「セルA1とセルB5」のような離れたセルを指定する場合は、「Range("A1,B5")」と、セル番地を「,（カンマ）」で区切って指定します。

なお、「Range("A1", "B5")」のように、「A1」と「B5」のそれぞれを「"」で囲むと、「セルA1からセルB5」という意味になります。「"」の囲み方で意味が変わるので注意しましょう。

さて、VBAでセルをどう書くのかについては、これでOKです。繰り返しになりますが、これを忘れてしまうと先に進めませんから、しっかりと理解していおいてくださいね。

これで、VBAでセルを操作するための準備ができました。

次は、実際にセルを操作してみます。

まずは、セルに文字を入力する方法です。更に、セルに入力されている文字を取り出す方法についても説明します。

文字の入力と取り出し方

セルに文字を入力するには

こんな単純な処理を、わざわざVBAでやるの？

そんな疑問を感じてる方もいるかと思いますが、実はこの処理、VBAのプログラムでは本当によく使われるんです。それに、セルに文字を入力するためのコードには、他の命令にも共通なVBAの基本的なルールがいくつか含まれています。

ですので、まずは「文字の入力」について、じっくりと説明していきたいと思います。

セルの文字や数値（これらをまとめて「値」と言います）は、「Value」という命令で表します。

例えば、「セルA1の値」は次のように書くことができます。

「セルA1の値」をVBAで書いた例

```
Range("A1").Value
```

これで「セルA1の値」という意味になります。先ほど説明した、セルを選択する「Select」と同じように、「Range("A1")」と「Value」の間に「.（ピリオド）」があることに注意してください。

では、このValueを使って『セルA1に「グー」と入力するプログラム』を作ってみましょう。このプログラムもサンプル「3-1.xlsm」に保存されていますから、動作を確認してみてくださいね。

セルA1に「グー」という値を入力するプログラム

```
Sub ValueSample01()

    Range("A1").Value = "グー"

End Sub
```

図3-3-1　実行結果

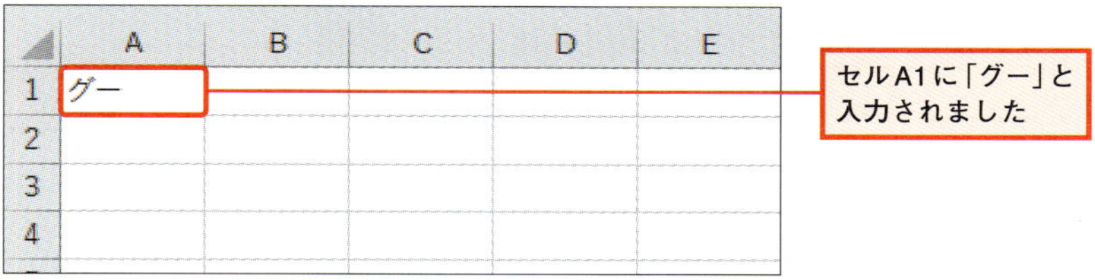

	A	B	C	D	E
1	グー				
2					
3					
4					

セルA1に「グー」と
入力されました

セルに値を入力するときは、このように「=」に続けて入力したい値を指定します。この時気をつけなくてはならないのが、入力する値が文字の場合は図3-3-2のように、その**文字を「"（ダブルクォーテーション）」で囲む**という点です。

図3-3-2　文字の場合は「"」で囲む

```
Range("A1").Value = "グー"
```

なお、わざわざ「文字の場合は」と断った理由ですが、セルには数値も入力できますよね。実は、数値を入力する場合は、次のように「"」では囲まないのです。それと念の為に言っておきますが、「セルに入力する」といっても、あくまでVBAを使って自動的にセルに文字を入力するのですからね。「入力する」よりも「表示する」と言った方がイメージに近いかもしれませんが、「入力する」という言葉を使います。

セルB1に数値の「10」を入力するプログラム

```
Sub ValueSample02()
    Range("B1").Value = 10
End Sub
```

図3-3-3　実行結果

	A	B	C	D	E
1		10			
2					
3					
4					
5					

セルB1に「10」という数値が入力されます

これ、かなり大事なことなので整理します。

図3-3-4と合わせて確認してください。

- 入力する値が文字の時は、その文字を「"」で囲む
- 入力する値が数値の時は、数値は「"」で囲まない

図3-3-4　セルに値を入力する方法

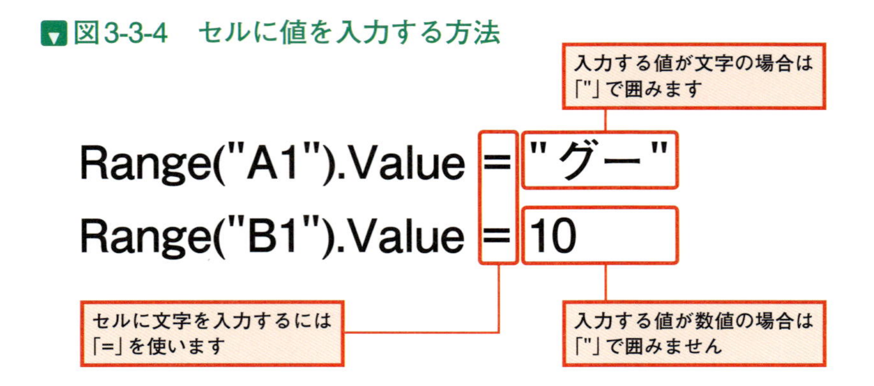

複数のセルにも値を入力できるの？

ここが疑問！

先ほど、セル範囲の表し方について説明しましたが、その方法を使えば一度にまとめて値を入力することもできます。次のサンプルは、セルA1からB5に「VBA」という文字を入力するプログラムです。

セルA1からB5に「VBA」と入力するプログラム

```
Sub ValueSample03()
    Range("A1:B5").Value = "VBA"
End Sub
```

以上、これで「セルに値を入力する方法」については終わりです。

ところで、この節の最初で「セルに値を入力するコードには、他の命令にも共通なVBAの基本的なルールが含まれる」という話をしましたよね。これについても説明しておきましょう。

VBAの基本的なルール

もう一度、セルに値を入力するコードを見てください。

セルA1に「グー」を入力するプログラム

```
Sub ValueSample01()
    Range("A1").Value = "グー"
End Sub
```

セルB1に「10」を入力するプログラム

```
Sub ValueSample02()
    Range("B1").Value = 10
End Sub
```

このプログラムについて整理した際、次の説明をしました。

- **入力する値が文字の時は、その文字を「"」で囲む**
- **入力する値が数値の時は、数値は「"」で囲まない**

この2つは、VBA全般に共通のルールです。VBAでは、文字は「"」で囲みますが、数値は囲みません。

セルに値を入力するだけではなく、例えば「グラフのタイトルに文字を設定したい」時には、設定する文字は「"」で囲みますし、セルの幅や高さを設定する時は数値ですから、「"」で囲みません。

ところで、セルに値を入力する時に使った記号は「=」でしたよね。

実はこれも、VBA共通のルールになります。値を入力するだけではなく、何か設定する時も「=」が使われるのです。

ちょっとピンと来ない人もいるかと思いますが、具体的な話は次の3-4でやります。ここはひとまず、VBAで何かを設定するときは「=」を使うんだ、と覚えておいてくださいね。

さて、次は「セルに入力されている値を取り出す方法」についてです。

セルの値を取り出すには

セルに入力されている文字や数値などの値を取り出すには、セルに値を入力する時と同じ「Value」を使います。

例えば、セルA1に入力されている値を取り出して、メッセージボックスに表示するためのプログラムは、次のようになります。

サンプル「3Sho」フォルダの「3-2.xlsm」ファイルを開いて、動作を確認してみてください。

セルA1に入力されている値を取り出すプログラム

```
Sub ValueSample04()

    MsgBox Range("A1").Value

End Sub
```

図3-3-5　実行結果

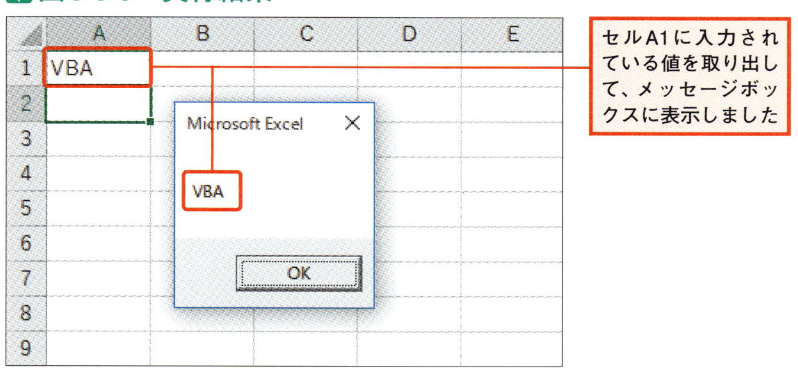

このプログラムでは、「Range("A1").Value」で「セルA1の値」という意味になるので、単純にMsgBoxという命令の後にこの「Range("A1").Value」を指定しているだけです。

「Range("A1").Value」が「セルA1の値」を表すので、セルの値を取り出すのと同じになります。

なお、このようなコードをVBAでは「セルA1を参照して、メッセージボックスに表示する」という表現を使います。ですので、本書でも今後は**「セルの値を取り出す」ではなく、「セルを参照する」と表現します。**困惑しないでくださいね。

これで、セルに値を入力したり、セルの値を取り出す方法（参照する方法）については終わりです。

先ほど、VBA共通のルールの話もしましたが、同じようなパターンが今後たくさん出てきますから、しっかりと覚えておきましょう。

では次に、フォントに色を付ける方法について説明します。

これも、よく利用される「セルの操作」の1つです。

セルの書式設定

フォントに色を付けるには

仕事で何かしらの資料を作る場合、例えば表の見出しなどでフォントの色を変えることがありますよね。

ということで早速、VBAでセルのフォントに色を付ける方法について説明していきたいと思います。

セルのフォントを表す命令は「Font」です。例えば、セルA1のフォントは次のように表すことができます。

セルA1のフォント

```
Range("A1").Font
```

ここでも、「Range("A1")」と「Font」の間に「.（ピリオド）」がありますね。

今回は「フォントの色」を付けたいわけですから、さらに「色」を表す命令を使わなくてはなりません。「Font」はあくまで、セルの「フォント」を表すだけです。フォントには「色」以外にも、「サイズ」や「フォント名」などがあるわけですから、**今操作したいのは「フォントの色」なんだということをはっきりさせなくてはなりません。**

「色」を表す命令は「Color」です。ですから、「セルA1のフォントの色」は次のように表すことができます。

セルA1のフォントの色

```
Range("A1").Font.Color
```

しつこいようですが、ここでも「Font」と「Color」の間に「.（ピリオド）」があります。このように、**VBAではとにかく命令は「.（ピリオド）」でつなぐ、と覚えておいてください。**そして、今回のように必要に応じて、いくつもつなげることができるのです（これもVBAの共通のルールです）。

では、実際にフォントの色を設定するにはどうしたらいいのでしょうか？　先ほど、セルに値を入力した時は「=」を使いましたよね。

実は、フォントの色を設定する時も、同じように「=」を使うのです。

例えば、セルA1のフォントの色を「赤」にするプログラムは、次のようになります。サンプル「3Sho」フォルダの「3-3.xlsm」ファイルを開いて、動作を確認してみてください。

セルA1のフォントの色を「赤」にするプログラム

```
Sub FontSample01()
    Range("A1").Font.Color = vbRed
End Sub
```

図3-4-1　実行結果

	A	B	C	D
1	VBA			
2				
3				
4				
5				

セルA1のフォントの色が「赤」になりました

なお、ここではフォントを「赤」くするのに、「vbRed」を指定しています。これはVBAに用意された命令で、「赤」を表します。

いかがですか？

セルに値を入力する時とやり方が似ているので、そろそろ感覚がつかめてきたのではないでしょうか。

それではここで一旦、これまでに行ったことを整理してみましょう。

- セルはRangeで表すことができる
- セルの値はValueで表すことができる
- セルのフォントはFontで表すことができる
- セルのフォントの色はColorで表すことができる
- それぞれの命令は「.（ピリオド）」でつなぐ
- 値を入力したり、色を設定する時には「=」を使う

いずれも、VBAの基本で大切な内容です。

特に最後の2つは大切ですので、しっかりと理解していただくためにも、しつこいようですがもう少し説明を続けます。

フォントのサイズを変更するには

フォントには大きさ(サイズ)がありますよね。フォントのサイズも、表の見出しだけ大きくするなど、業務ではよく変えることになります。

ということで、セルのフォントサイズを変更してみましょう。セルのフォントは、「Font」で表すんでしたよね。そして、フォントのサイズは「Size」という命令で表されます。

では、「セルA1のフォントのサイズ」は、VBAではどのように表すのでしょうか?

命令をつなぐのは「.(ピリオド)」でしたよね。

フォントのサイズは、VBAでは次のようになります。

セルA1のフォントのサイズ

```
Range("A1").Font.Size
```

これに先ほどの色と同じように、フォントサイズを指定するのですから「=」を使います。

ここでは、セルA1のフォントサイズを「40」にしてみましょう。プログラムは次のようになります。このプログラムも、サンプル「3-3.xlsm」ファイルに保存されているので、動作を確認してみてください。

セルA1のフォントサイズを「40」にするプログラム

```
Sub FontSample02()
    Range("A1").Font.Size = 40
End Sub
```

図3-4-2　実行結果

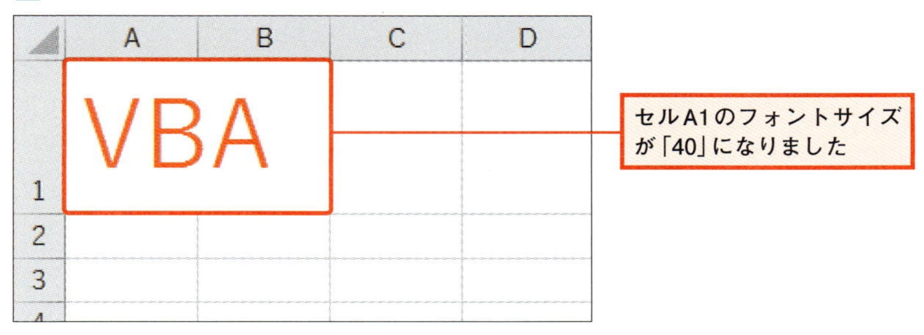

いかがでしょうか？

命令をつなぐための「.（ピリオド）」と、値を設定するための「=」についていて、なんとなくわかってきたのではないでしょうか。

さて、最後にちょっとしたコードを書く上でのテクニックをご紹介します。使用頻度の高い大切なテクニックです。そして、先ほどの「.（ピリオド）」が関係してきます。

命令をまとめて設定するには

ここまで、セルの値やフォントの色、フォントサイズを設定する方法を説明してきました。では、全ての処理を1つのプログラムで行うとしたらどうでしょうか？

セルA1に「グー」と入力し、フォントを「赤」、フォントサイズを「40」にするプログラムは、次のようになります。サンプル「3-3.xlsm」ファイルに保存されているので、動作を確認してみてくださいね。

1つのプログラムでまとめて処理する

```
Sub AllSample01()
    Range("A1").Value = "グー"
    Range("A1").Font.Color = vbRed
    Range("A1").Font.Size = 40
End Sub
```

このプログラムをよく見てください。

「Range("A1")」の部分が共通ですよね。別の言い方をすれば、同じ物を何度も入力していることになります。これって、ちょっと手間じゃないですか？

VBAには、このように共通部分がある場合に、省略する方法が用意されています。それが、「With」と「End With」という命令です。

ひとまず、先ほどのプログラムを「With」と「End With」を使ったものに書き換えてみましょうか。

WithとEnd Withを使ったプログラム

```
Sub AllSample02()
    With Range("A1")
        .Value = "グー"
        .Font.Color = vbRed
        .Font.Size = 40
    End With
End Sub
```

Withの後に「Range("A1")」と書いてあるだけで、後は「Range("A1")」が省略されていますよね。

ただし、「セルA1の値」とか「セルA1のフォント」とかがわかるように、Value や Fontの前にちゃんと「.（ピリオド）」が付いています。ここ、大切なポイントですよ。

このようにVBAでは、Withの後に指定した命令（ここではセルA1を表すRange("A1")）は、End Withまでの間は省略できるのです。

図3-4-3　WithからEnd Withの間は「Range("A1")」は省略できる

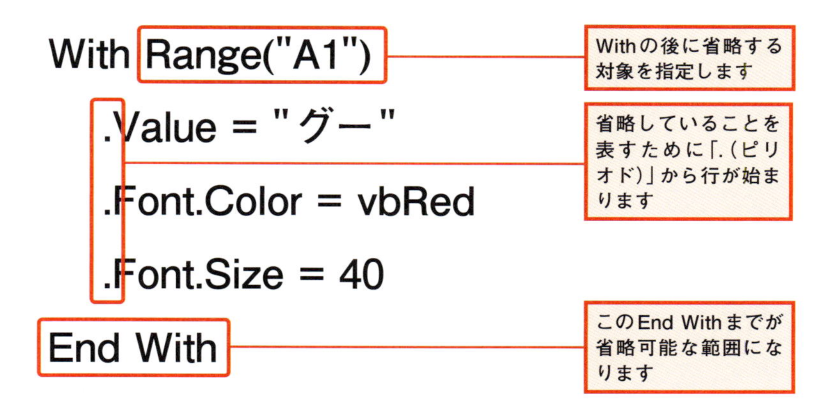

こうすることで、WithからEnd Withまでの間は「Range("A1")」に対しての処理だということが明確になります。また、入力の手間も省けますから、上手に使ってください。

さて、そろそろ「じゃんけんゲーム」を作り始めることにしましょうか。

サンプル「3Sho」フォルダにある、「Janken-1.xlsm」ファイルを開いてください。

3-5 まずは「セルの操作」について

じゃんけんゲームの枠組みを作る

最初に作る3つの機能

第3章では、じゃんけんゲームに次の3つの機能を持たせるところまで進みます。

- 皆さんが「手」(グー、チョキ、パー)を入力する画面を表示する
- 入力した「手」をセルに入力する
- ゲームを始める「スタート」ボタンを用意する

ちなみに、3-1〜3-4までで学んだ「セルの操作」と直接関連があるのは、2つ目の「入力した「手」をセルに入力する」です。

他の2つは「セルの操作」とは違いますが、いずれもVBAのプログラムではよく利用されるものなので、合わせて覚えておきましょう。

図3-5-1 これから作る3つの機能

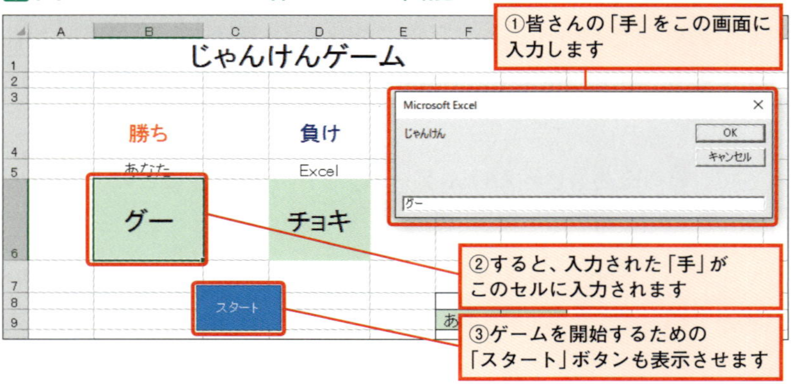

プログラミング開始！

では、早速作業に入りましょう。

サンプル「3Sho」フォルダから、「Janken-1.xlsm」を開いていることを確認してください。このファイルは、じゃんけんゲーム用にあらかじめセルの幅などを変更してあるのですが、ここにじゃんけんゲームの機能を付け足していくことになります。

まずは、プロシージャの入力からです。

「VBAのプログラムは、最低でも1つのプロシージャでできている」という話を第2章でしましたよね。ですので、じゃんけんゲームのためのプロシージャを、次の手順で作ることにします。

VBEを開いて、「標準モジュール」を追加してください。「標準モジュール」を追加したら、次のコードを入力します。

入力するコード

```
Sub Janken()


End Sub
```

コードの入力は、第2章の内容を思い出しながらやってくださいね。

では続けて、次のコード（赤字の部分）を入力してください。

入力するコード

```
Sub Janken()
    Range("B6").Value = InputBox("じゃんけん")
End Sub
```

▼図3-5-2　「標準モジュール」を追加して、コードを入力する

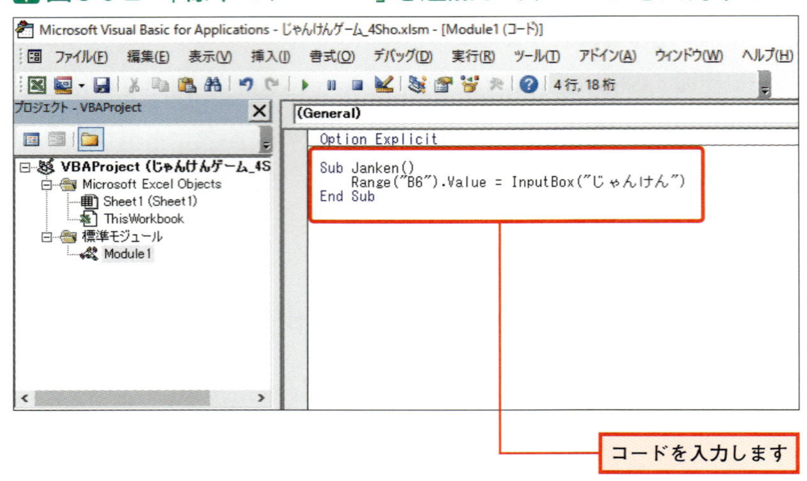

この「Jankenプロシージャ」が、「じゃんけんゲーム」ためのプロシージャになります。実際にじゃんけんゲームを行うときには、この「Jankenプロシージャ」を実行します。

コードの意味はひとまず置いておいて、全て入力してしまいましょう。

気をつける点は、**「じゃんけん」という文字以外は全て半角で入力する**という点です。

注意

サンプルファイルについて

時間が無くて実際に入力できない、という方はサンプル「3Sho」フォルダにある「Janken-3章まで.xlsm」ファイルを開いて、そちらでプログラムを確認してください。

入力したプロシージャの内容

無事に入力できましたか？

ここで、入力したコードについて説明しておきましょう。

入力したコード

```
Sub Janken()
    Range("B6").Value = InputBox("じゃんけん")
End Sub
```

「Sub Janken()」と「End Sub」ですが、これは、Jankenというプロシージャという意味でしたよね。問題は次の部分です。

```
Range("B6").Value = InputBox("じゃんけん")
```

「Range("B6").Value = 」の部分までは、見覚えがありませんか？

Valueがありますから、これは「セルB6の値」という意味ですよね。そして「=」があるので、「セルB6に値を入力する」という意味になります。

さて、ここで開いている「Janken-1.xlsm」ファイルのワークシートを見てください。皆さんの出した「手」は、セルB6に表示されます。つまり、このコードは皆さんの出した「手」をセルに入力するためのコードだということです。

続いて、「=」の後の「InputBox("じゃんけん")」という部分。

この「InputBox("じゃんけん")」は、次のような画面（これをインプットボックスと呼びます）を表示するための命令です。

図3-5-3　入力用の画面

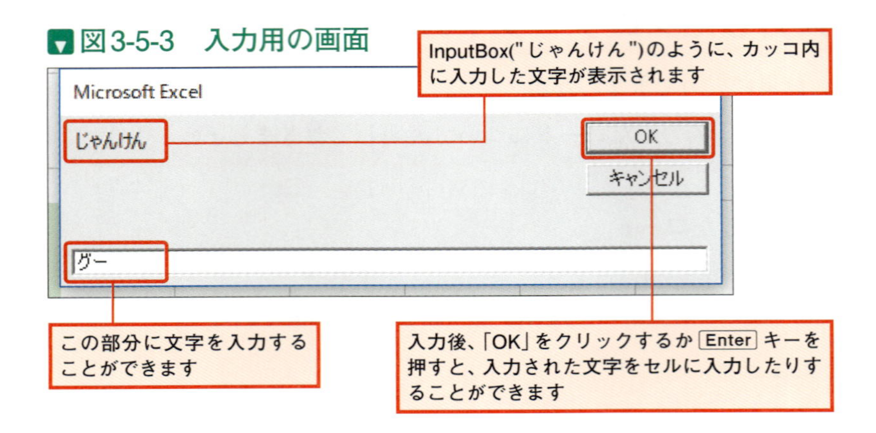

用語解説　インプットボックス

InputBoxという命令で表示される「ユーザーが文字を入力できる画面」を、インプットボックスと言います。

インプットボックスを使うと、プログラムに対して情報（今回はじゃんけんで出す「手」）を入力することができます。

さて、今回の処理ですが、次のようになっていましたよね。このコード、**実は1行で2つの処理が行われています。**

```
Range("B6").Value = InputBox(" じゃんけん ")
```

ちょっとわかりにくいので、このコードで行われている処理を1つずつ見てみましょう。

このコードの処理の流れは、図3-5-4のようになります。実際の操作としては、表示されたインプットボックスに「グー」と入力して「OK」をクリックしたとして、話を進めますね。

図3-5-4　1つずつ処理を分解する

まずは囲んだ部分が処理され、インプットボックスが表示される

Range("B6").Value = InputBox("じゃんけん")

「グー」と入力され「OK」がクリックされたので、
この部分は次のようになる

Range("B6").Value = "グー"

こうなれば、後はわかりますよね。インプットボックスに入力された値が、セルB6に入力されることになるわけです。

いかがですか？

整理すると、このコードは1行で次の2つの処理が行われたことになります。

- 皆さんが「手」を入力する画面を表示する
- 入力した「手」をセルに入力する

VBAでは、このように1行で複数の処理が行われることがあります。最初は戸惑うかと思いますが、その都度、先ほどのように分解して考えればなんとかなるはずです。もちろん、本書で同じように1行で複数の処理が行われる時には、丁寧に説明しますから安心してくださいね。

さて、1行のコードで、ここで作る予定だった3つの機能のうち、既に2つができてしまいました。ですので、後はゲームを開始する「スタート」ボタンを表示させるための機能を作るだけです！

「スタート」ボタンを作る

あなたのPCがVBE画面になっていたら、まずは[Alt]キー＋[F11]キーを押して、画面をExcelに切り替えてください。

そして、第2章で説明した方法と同じようにして、図形を使ってワークシートの上に「ボタン」を作りましょう。

図3-5-5　ボタンを作る

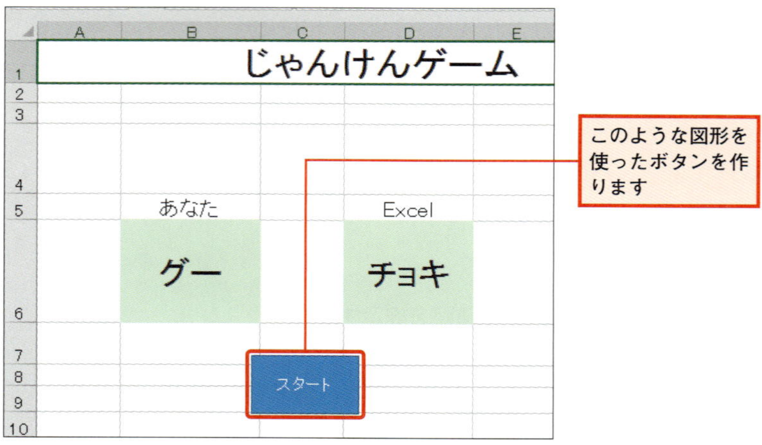

図3-5-5のような、ボタンを作ってください（「スタート」の文字の入れ方はこの後に説明するので、ひとまずボタンを作るところまでで結構です）。そして、作ったボタンに「Jankenプロシージャ」を登録するところまで行いましょう（やり方は、第2章でやりましたよね）。

ボタンの文字を変更しましょう。次のように操作してください。

図3-5-6　ボタンの文字を変更する

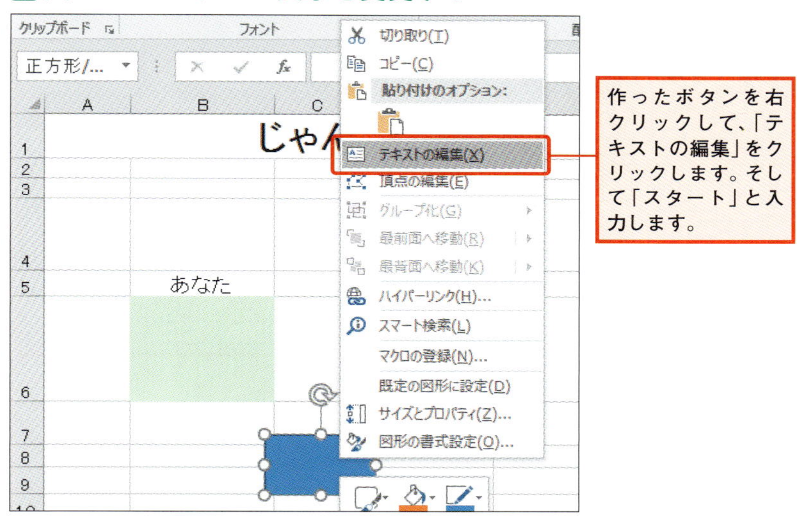

ちなみに、「じゃんけんゲーム」とか、好きな文字を入力してもOKです。

図3-5-7　ボタンの文字を「スタート」にする

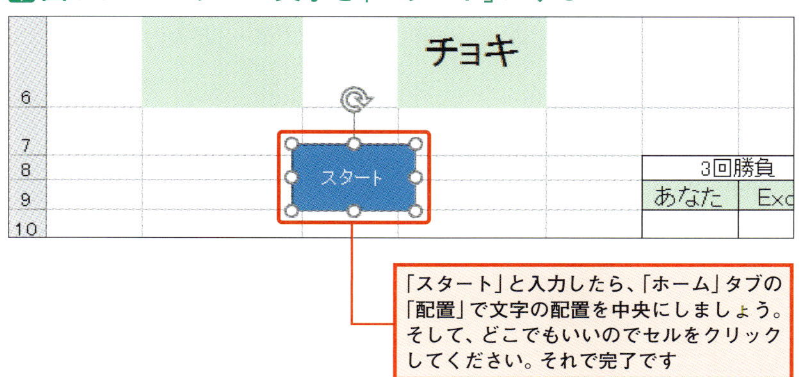

これで、じゃんけんゲームを実行するためのボタンができました。

早速、試してみましょうか。先ほど作った「スタート」ボタンをクリックしてみてください。

図3-5-8 「じゃんけんゲーム」を始める

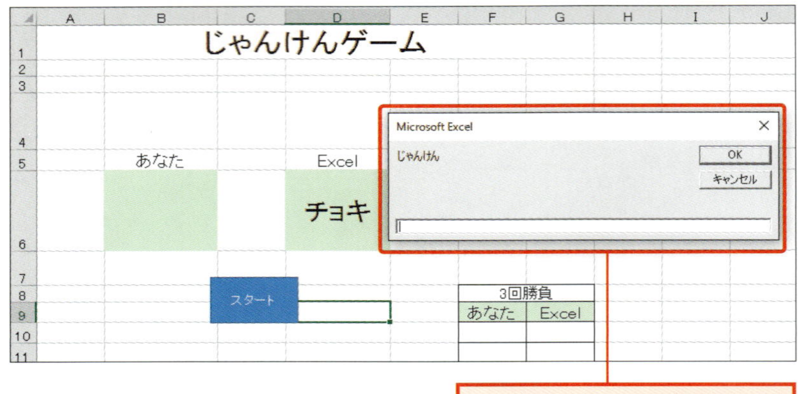

ここではインプットボックスに入力した文字がセルに自動的に入力されることをチェックするだけなので、ひらがなでも問題はありません。

なお「キャンセル」ボタンをクリックした場合は、何も入力されません。

では、実際に入力してみましょう。ここでは「グー」と入力しています。

図3-5-9 「グー」と入力する

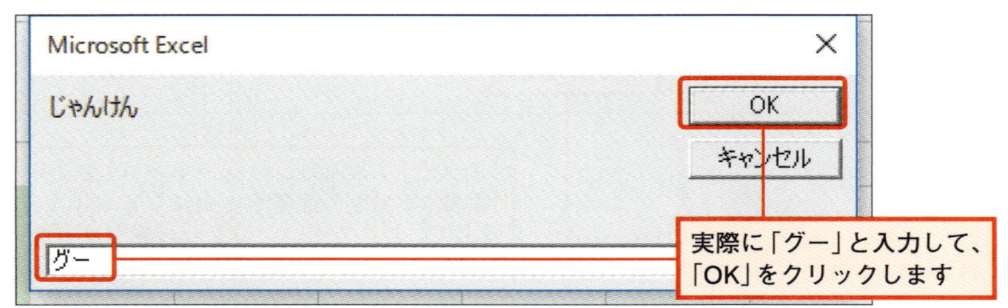

図3-5-10　セルに文字が入力される

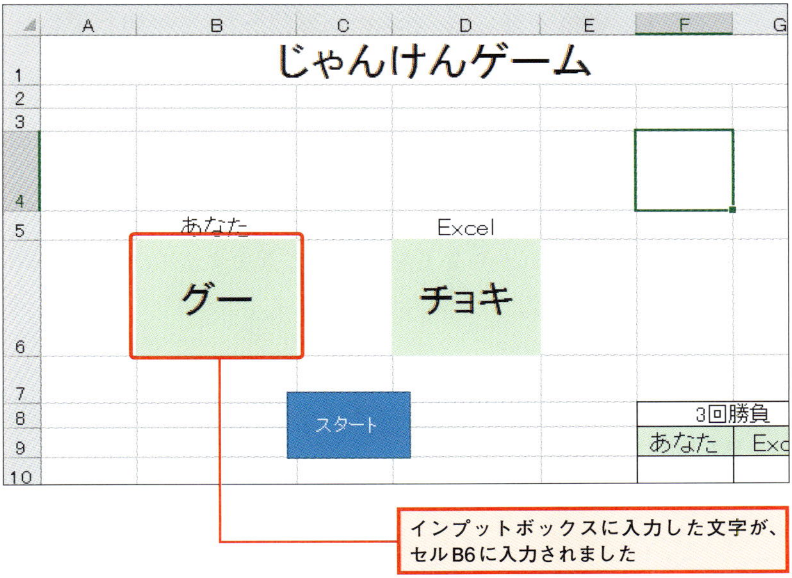

じゃんけんゲーム

あなた　Excel

グー　チョキ

スタート

3回勝負

あなた　Exc

インプットボックスに入力した文字が、セルB6に入力されました

簡単な操作ですが、プログラムを作っている時には、このように動作を確認することはとても大切です。プログラムがすべてでき上がってから確認するのではなく、できるだけこまめに確認するようにしましょう。

いかがですか？　うまく動きましたか？

うまくいったら、ファイルを上書き保存しておきましょう。

注意

うまくいかなかったら？

上手く行かない時は、エラーになっていると思います。おそらくコードの入力ミスでしょう。入力したコードをもう一度、見直してみてください。

第3章の作業は、ここまでです。

この章では、VBAを使った「セルの操作」について説明しました。これで、ひとまずVBAで最も使われる命令については理解できたことになります（基本部分だけですが）。

それと、VBAの共通ルールについても、ある程度は理解していただけたかと思います。

特に次の2つは、これから先も頻繁に出てきますから、絶対に忘れないでくださいね。

- **命令は「.（ピリオド）」でつなぐ**
- **値を設定する時には「＝」を使う**

さて、次の第4章ではVBAの「構文」について説明します。

「構文」と聞くと、何やら専門的で難しいような感じがしますよね。実際、この先は段々と難しくなっていくのですが、サンプルをいじりながらじっくりと順番に進んでいけば、必ず理解できると思います。

だから皆さん、一緒に頑張っていきましょう！

第４章

次は「構文」について

なぜ、「構文」について学ぶのか

構文＝VBAの文法

「構文」は、第1章で触れたようにVBAの文法です。VBAはプログラムを作るための「言語」ですから、日本語や英語と同様に、VBA独自の文法があります。その文法が、「構文」なのです。

ここまで説明してきた命令も、ちゃんとVBAの構文に則って書かれていたものです（第3章でVBAの共通ルールとして説明した「命令はピリオドでつなぐ」とか「値を設定するには「=」を使う」というのも構文です）。

次のようなVBAの文法のことを「構文」と呼ぶ

- 命令は「.（ピリオド）」でつなぐ
- 値を設定する時には「＝」を使う

そして当然ですが、文法（構文）がわからないとプログラムは作れません。だから、皆さんがこの後に色々なプログラムを作っていくためにも、この辺りで構文についてきっちりと理解しておこうというのが、第4章の主旨なのです。

ただし、ここでVBAの全ての構文を説明するつもりはありません。本章では、構文の中でも頻繁に利用する、次の2つを身に付けていただきます。

- **条件に応じた処理を行う構文**
- **繰り返し処理を行う構文**

ところでこの2つ、見覚えありませんか？

第2章で説明した「マクロの記録ではできないこと」の2つですよね。

「マクロの記録」ではできないからこそ、この2つの構文をきちんと学ぶ必要があるのです。

なお、ここから先は、構文について説明する時は「○○の構文」と明記していくようにします。

例えば、これまで何度か出てきたSubプロシージャの構文は、次のようになります。

Subプロシージャの構文

```
Sub プロシージャ名()
    処理
End Sub
```

SubからEnd Subまでが、1つのプロシージャです。プロシージャの名前はSubの後に、半角スペースを開けて入力します。
そして、SubとEnd Subの間に、実際に行う処理を入力します。

VBAを使うには、まず構文を理解しないことには何もできませんから、ここでしっかりと覚えてくださいね。

次は「構文」について

条件に応じた処理

「○○の場合は××する」

例えば、業務で次のような処理をしたいとします。

「売上金額」欄の値が100未満の場合は、「評価」欄に「×」を表示する

この「○○の場合は××する」というのが、「条件に応じた処理」です。

▼図4-2-1　条件に応じた処理

	A	B	C	D
1	売上データ			
2	支店名	売上金額	評価	
3	札幌	68	×	
4	仙台	72	○	

「売上金額」欄の値に応じて処理が変わるといった処理を、「条件に応じた処理」と言います

次は、条件に応じた処理を行うための構文である、「If」について説明します。

条件に応じた処理を行う「If」

Ifの構文は全部で3つパターンあるので、順番に説明しますね。最初は、Ifの基本形です。

Ifの構文1

```
If 条件 Then
  条件が「正しい」の時の処理
End If
```

Ifから End Ifまでで、1つのまとまりになります。Ifの後に入力した「条件」を判定し、条件が正しい場合に処理を行います。

ポイントは、「If」から「End If」が1つのまとまりだ、という点です。

そして、Ifから End Ifの間に書かれている命令は、Ifの後にある「条件」が「正しい」時だけ実行されます。逆に言えば、「正しくない」時には実行されません。

サンプルを見てみましょう。次のコードは、セルA1の値が50の時に、「合格」とメッセージボックスに表示します。細かな説明は後でやるとして、まずは動作を確認しましょう。「4Sho」フォルダの「4-1.xlsm」に保存されているので、ファイルを開いて実行してください。

プログラムを実行するには、VBEで、プロシージャの中にカーソルを置き、「実行」ボタンをクリックするか、F5 キーを押すんでしたよね。

Ifの例

```
Sub IfSample01()
    If Range("A1").Value = 50 Then
        MsgBox "合格"
    End If
End Sub
```

図4-2-2　実行結果

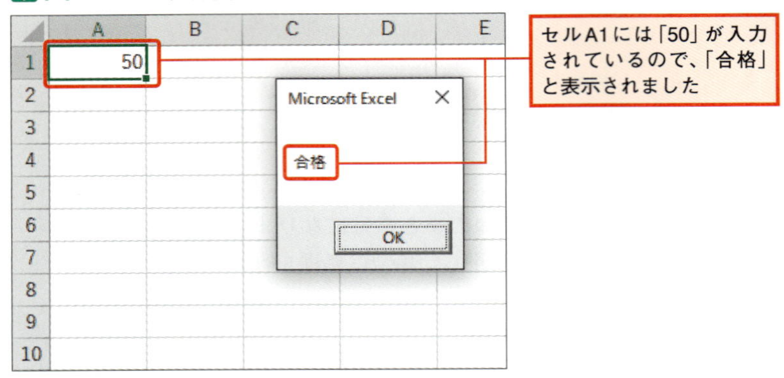

次に、セルA1の値を80に変えて、VBEに画面を切り替え、もう一度プログラムを実行してみてください。

図4-2-3　実行結果

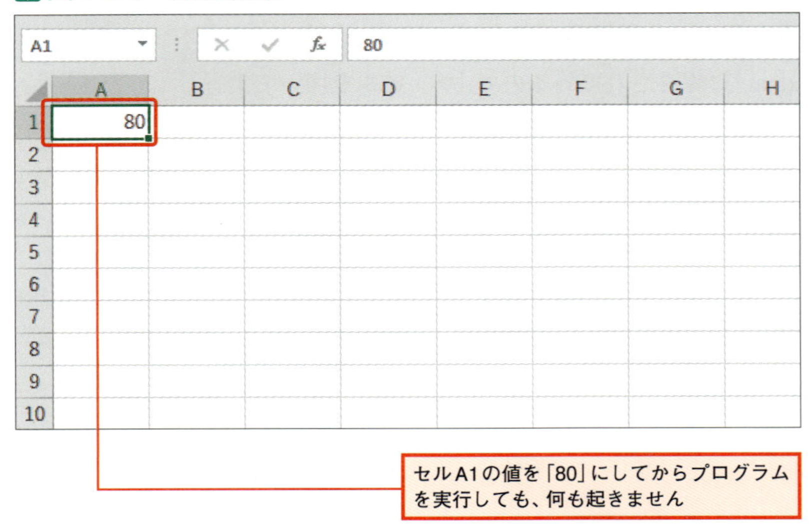

2回目は何も起きませんでしたよね。つまり、このプログラムは条件によって処理が異なることがわかります。

では、先ほどのプログラムについて説明しましょう。

Ifの例

```
Sub IfSample01()
    If Range("A1").Value = 50 Then
        MsgBox "合格"
    End If
End Sub
```

まずは、「If Range("A1").Value = 50 Then」の部分です。

Ifから始まっていますから、ここで「条件に応じた処理」を行うということはなんとなくわかると思います。

問題は、構文の「条件」の部分に当たる「Range("A1").Value = 50」の部分です。

この形、見たことありませんか？

皆さんがこの部分だけ見せられたら、おそらくは「セルA1に50と入力するコード」と答えることでしょう。

でも、ここではセルA1に「50」と入力する処理なんて行っていません。

ここがとっても紛らわしいのですが、VBAには次のルールがあります。

条件に応じた処理を行う場合、その「条件」の部分で使われる「=」は設定などで使う「=」とは異なり、「等しい」という意味になる

つまり、条件に応じた処理の「条件」の部分で使われている「=」は、普段皆さんが「AとBは同じ」という時に使う「=」と同じ意味だということです。

「等しくない」を表す記号は？

ここが疑問！

「等しくない」を表す記号は「<>」です。なお、数値の場合は「<」や「>」を使って、大小を比較することができます。

このルールがあるので、「If Range("A1").Value = 50 Then」の部分は、次の意味になります。

もしも、セルA1の値が50と等しかったら

そして、プログラムの残りの部分である「MsgBox "合格"」は、「合格とメッセージボックスに表示する」という意味ですよね。

ですから、このサンプルプログラムは次の意味になります。

もしも、セルA1の値が50と等しかったら、合格とメッセージボックスに表示する

Ifを使った基本形については、以上です。

「条件」が正しくない時の処理

先ほど、セルA1の値を80にしてプログラムを実行した時には、何も起きませんでした。でも、「条件」が正しくない時には、別の処理をしたいということもあります。

その場合は、次の構文を使ってください。

Ifの構文2

```
If 条件 Then
  条件が「正しい」の時の処理
Else
  条件が「正しくない」時の処理
End If
```

Elseの次の行からEnd Ifまでが、「条件」が正しくない時の処理になります。

ポイントは「Else」です。Elseの後に書かれた処理は、「条件」が正しくなかった時に実行されます。

次のサンプルは、セルA1の値が「50」の時は「合格」、そうでない時は「不合格」とメッセージボックスに表示します。

サンプル「4-1.xlsm」ファイルに保存されているので、実行してみましょう。先ほど、セルの値を「80」にしたはずです。そのまま実行してください。

If Elseの例

```
Sub IfSample02()
    If Range("A1").Value = 50 Then
        MsgBox "合格"
    Else
        MsgBox "不合格"
    End If
End Sub
```

図4-2-4　実行結果

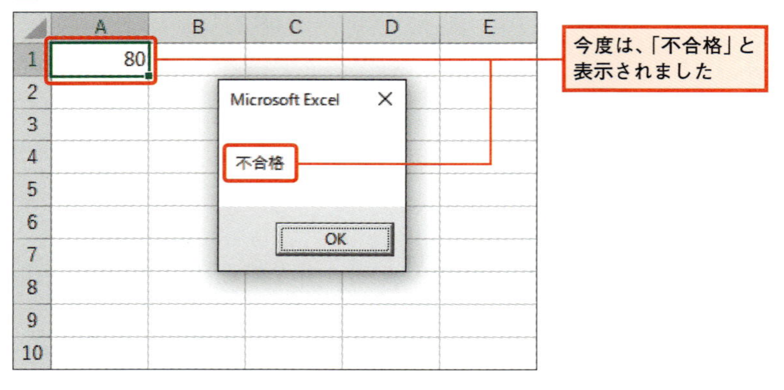

できれば、セルA1の値を変えて色々と試してみてください。また、プログラムの条件を「= 50」ではなく、例えば「<> 50」のように変えて試してみても結構です。そうすることで、より理解が深まると思います。

このように、Ifの後の条件が正しい場合と正しくない場合、それぞれで処理を分けることができます。

たくさんの条件がある場合の処理

「条件」がたくさんある場合には、次の構文を使います。

Ifの構文3

```
If 条件1 Then
　「条件1」が正しかった時の処理
ElseIf 条件2 Then
　「条件2」が正しかった時の処理
Else
　どの条件も正しくなかった時の処理
End If
```

ElseIfを使うと、別の「条件」を指定することができます。

ポイントは「ElseIf」です。これを使うと、条件を増やすことができます。なお、構文では条件が2つになっていますが、いくつでも増やすことができます。

サンプルで確認しましょう。

サンプルプログラムは、次のような処理を行います。

- 80以上ならAランクとメッセージボックスに表示する
- 50以上ならBランクとメッセージボックスに表示する
- どれも正しくない場合はCランクと表示する

サンプル「4-1.xlsm」に保存されているので、プログラムを実行して動作を確認してください。できれば、セルA1の値をいろいろと変えてみると良いでしょう。

If ElseIfの例

```
Sub IfSample03()
    If Range("A1").Value >= 80 Then
        MsgBox "Aランク"
    ElseIf Range("A1").Value >= 50 Then
        MsgBox "Bランク"
    Else
        MsgBox "Cランク"
    End If
End Sub
```

図4-2-5　実行結果

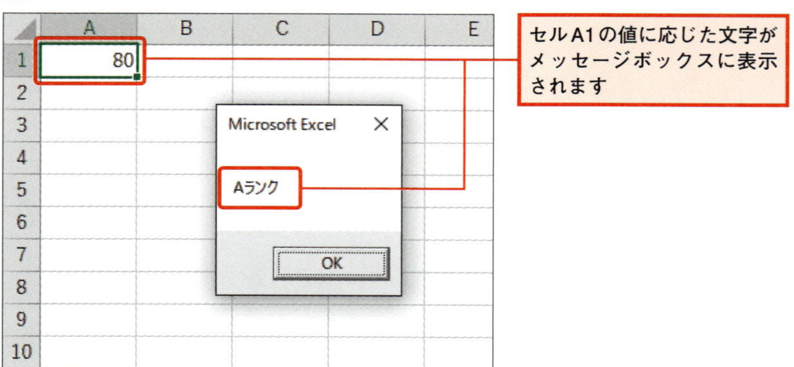

このように、ElseIfを使うと複数の条件を指定することができます。

ここが疑問！

「AまたはBの時」という条件は作れないの？

条件に「セルA1の文字が英語または国語の時」とか「セルA1が80以上で、セルB2が70以上」といった形で、複数の条件を指定したい時があります。この場合は、「Or」（または）や「And」（且つ）を使います。

例えば、「セルA1の文字が英語または国語の時」という条件は「Range("A1").Value = "英語" Or Range("A1").Value = "国語"」となります。

これで、Ifについての話は終わりです。

次は、この構文を使って、じゃんけんゲームの勝敗の判定を行ってみましょう。

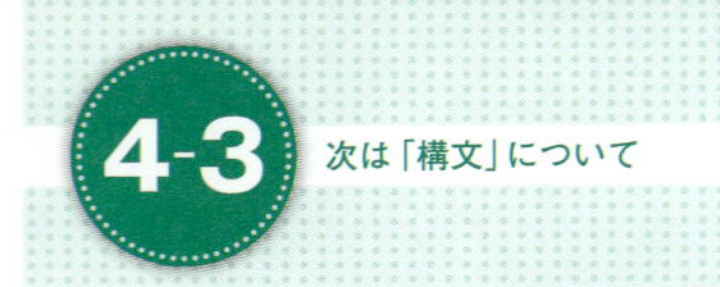

じゃんけんの勝ち負けを判定する

まずは日本語で考える

最初は、いきなりコードを入力するのではなく、どんなコードをこれから作るのか、日本語で書き出した方が良いです（手元に紙のある方は、実際に書いてみてください。その方がより理解できますから）。

皆さんは、本格的なプログラムを作るのは初めてですよね？

めんどくさいかもしれないですが、丁寧に行きましょう。

まずは、皆さんの出す「手」のパターンを書き出します。

皆さんの出す「手」のパターン

じゃんけんでは、皆さんの「手」に対してExcelの出す「手」が組み合わされるわけですが、これも書き出してみましょう。

ただし、全部は大変なので「グー」の時だけにします。

Excelの出す「手」を組み合わせた場合

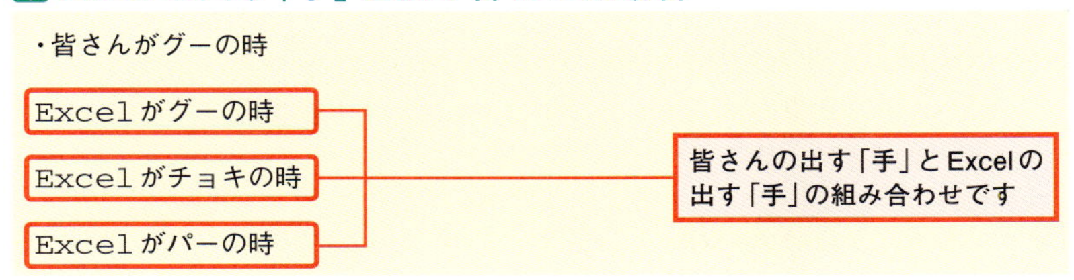

更に、それぞれの組み合わせの時の結果も書き出してみましょう（ここも皆さんの「手」が「グー」の時だけ書いていますが、皆さんはできれば全部書き出してみてください）。

それぞれの組み合わせとその結果

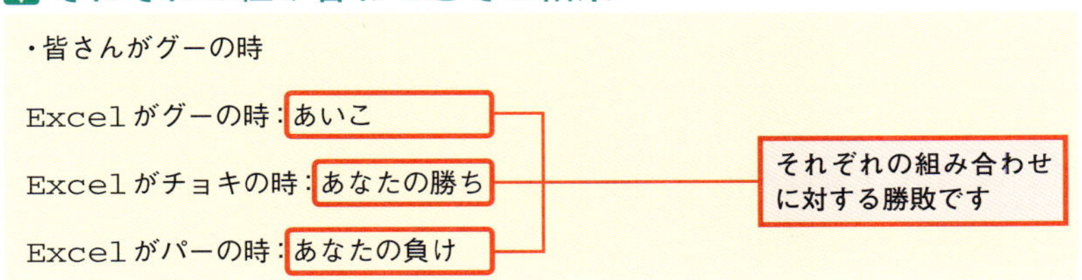

これをVBAで書くわけです。どんなコードになるか考えてみましょう。

勝敗を判定するコードを考える

勝敗の判定は、皆さんの出した「手」が「グー」「チョキ」「パー」のそれぞれの場合によって処理が変わってきます。まさに「条件に応じた処理」ですよね。

そこで、まずは皆さんの出した「手」のパターンに対応したコードを考えてみます。条件は「グー」「チョキ」「パー」の3つです。条件に応じた処理ですから「If」を使います。

先ほどの「皆さんの出す「手」のパターン」にIfを入れてみましょう。合わせて、Ifのサンプルで見たような形に書き直してみます。

Ifで表した皆さんの出す「手」のパターン

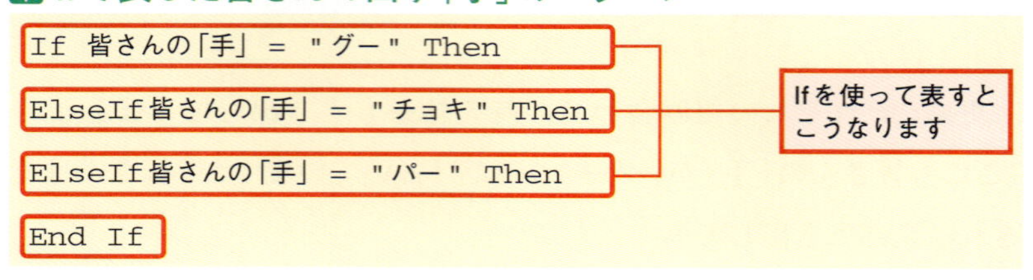

「皆さんの「手」= "グー"」というのは、皆さんの「手」が「グー」の時ということです。Elseifを使って、複数の条件を指定しているところに注意しましょう。

では、次にExcelの出す「手」も、Ifを使って入れてみます（なお、全部の処理について書くと長くなるので、ここでは一部のみとして、コード内に「省略しています」と記述しています）。

Ifで表したExcelの「手」を入れた場合

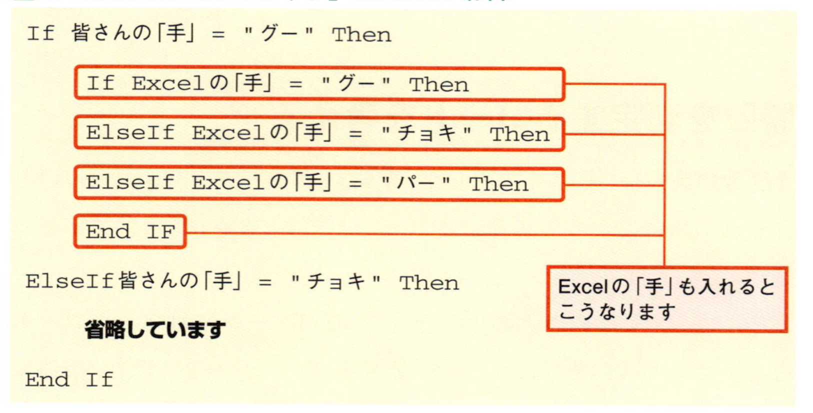

Ifの中に、またIfがある形になっています。

ちょっとびっくりした方もいますよね。すみません。

Ifは、このように組み合わせて使うことができます。ちなみに、こういった使い方を、「ネストする」と言います。

用語解説

ネスト

ある構文の中に更に同じ構文が出てくることを、「ネスト」と言います。

最後に、結果も書き込んでみましょうか。

勝敗を書き込んだ場合

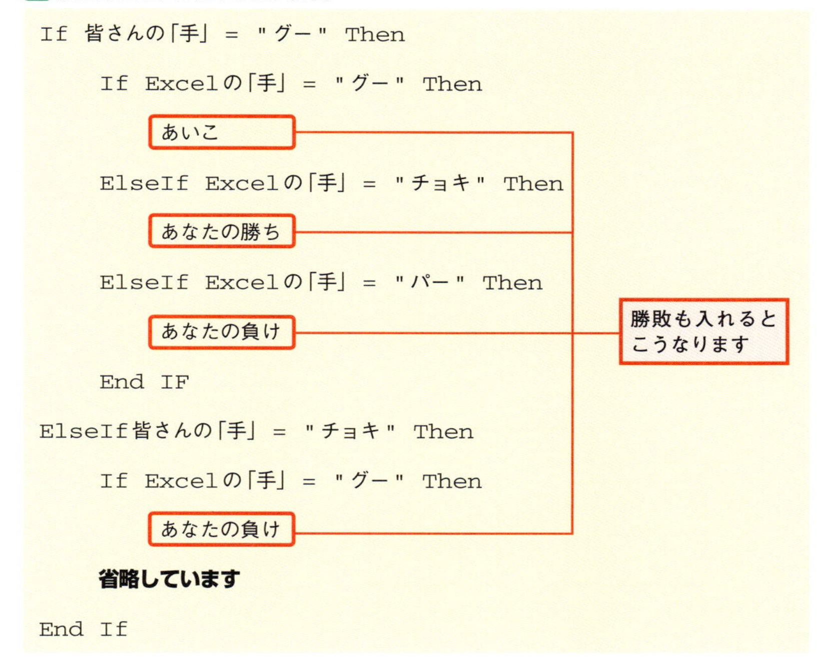

```
If 皆さんの「手」 = "グー" Then
    If Excelの「手」 = "グー" Then
        あいこ
    ElseIf Excelの「手」 = "チョキ" Then
        あなたの勝ち
    ElseIf Excelの「手」 = "パー" Then
        あなたの負け
    End IF
ElseIf皆さんの「手」 = "チョキ" Then
    If Excelの「手」 = "グー" Then
        あなたの負け
    省略しています
End If
```

とりあえずはこれで良いでしょう。あとは、皆さんの「手」とかExcelの「手」、そして勝敗の結果の部分を、VBAの命令に置き換えればOKです。

では次に、じゃんけんゲームに勝敗を判定する機能を加えましょう。

皆さんが作っている途中のファイル「Janken-1.xlsm」を開いてください（サンプル「3sho」フォルダにあるはずです）。

注意

もしファイルが無かったら？

ファイルが無い場合は、この章のスタート時点のファイルが「4Sho」フォルダに「Janken-4章はじめ.xlsm」という名前であるので、それを使ってください。

それぞれの「手」が入力されているセルを確認する

「Janken-1,xlsm」ファイルを開いたら、まずは皆さんの出した「手」とExcelの「手」が入力されているセルを確認してください。

図4-3-1　それぞれの「手」が入力されているセルを確認

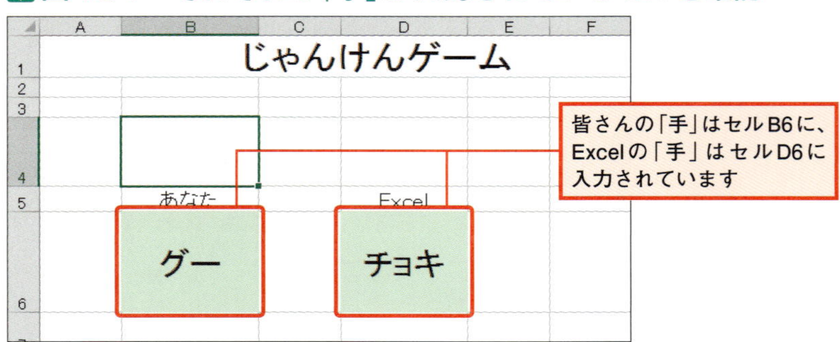

今回の勝敗の判定では、このセルの値を使うことにします。

先ほどIfを使って考えた処理のうち、皆さんの「手」をセルB6に、Excelの「手」をセルD6に置き換えます。もちろん、今回は日本語ではなく、VBAに置き換えてみます。セルは「Range」、セルの値は「Value」でしたよね。

それぞれの「手」をVBAに置き換える

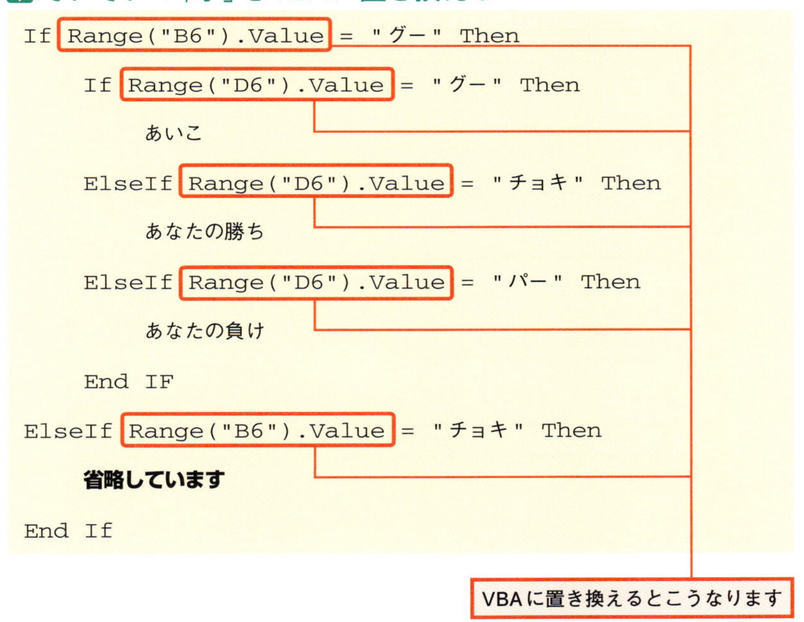

だいぶコードっぽくなってきました。あとは結果の部分です。

今回は、とりあえずメッセージボックスに結果を表示するようにします。

書き換えてみましょう。

判定結果をメッセージボックスに表示する

```
If Range("B6").Value = "グー" Then
    If Range("D6").Value = "グー" Then
        MsgBox "あいこ"
    ElseIf Range("D6").Value = "チョキ" Then
        MsgBox "あなたの勝ち"
    ElseIf Range("D6").Value = "パー" Then
        MsgBox "あなたの負け"
    End If
ElseIf Range("B6").Value = "チョキ" Then
    If Range("D6").Value = "グー" Then
        MsgBox "あなたの負け"
    ElseIf Range("D6").Value = "チョキ" Then
        MsgBox "あいこ"
    ElseIf Range("D6").Value = "パー" Then
        MsgBox "あなたの勝ち"
    End If
ElseIf Range("B6").Value = "パー" Then
    If Range("D6").Value = "グー" Then
        MsgBox "あなたの勝ち"
    ElseIf Range("D6").Value = "チョキ" Then
        MsgBox "あなたの負け"
    ElseIf Range("D6").Value = "パー" Then
        MsgBox "あいこ"
    End If
```

VBAに置き換えるとこうなります

```
End If
```

これで勝敗を判定するコードができました。

では、VBEを開いて前のページのコードを入力してください。サンプル「Janken-1.xlsm」には、第3章で作ったプロシージャが既に入力されています。そのプロシージャの次の部分に、コードを入力してください。

コードを入力する場所

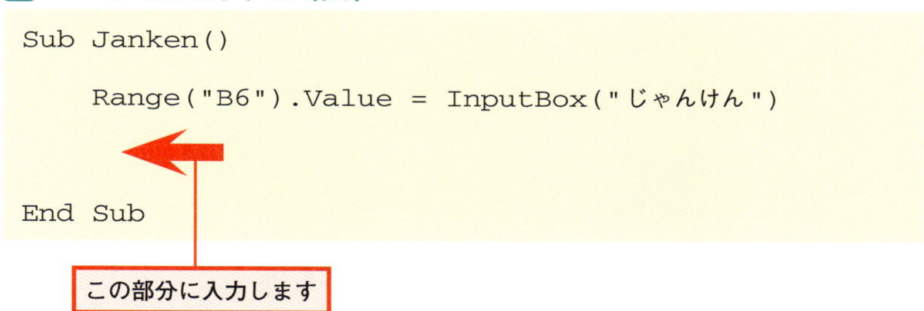

命令と命令の間には半角スペースを入れる

例えば、「If Range("D6").Value = "グー" Then」というコードであれば、IfとRange("D6").Valueの間、またRange("D6").Valueと=の間など、命令の区切りには半角スペースを入れます。

入力が終われば、勝敗を判定する処理は完成です。

念のため、動作を確認してみましょう。

プログラムの動作を確認する

じゃんけんゲームは、「スタート」ボタンをクリックして始めるんでしたよね。

クリックしたら、「グー」と入力して「OK」をクリックしましょう。

図4-3-2　じゃんけんしてみる

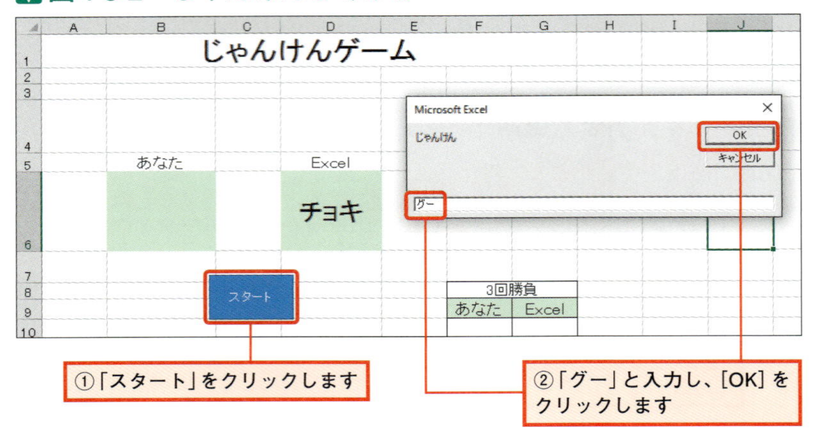

図4-3-3　勝敗の判定結果

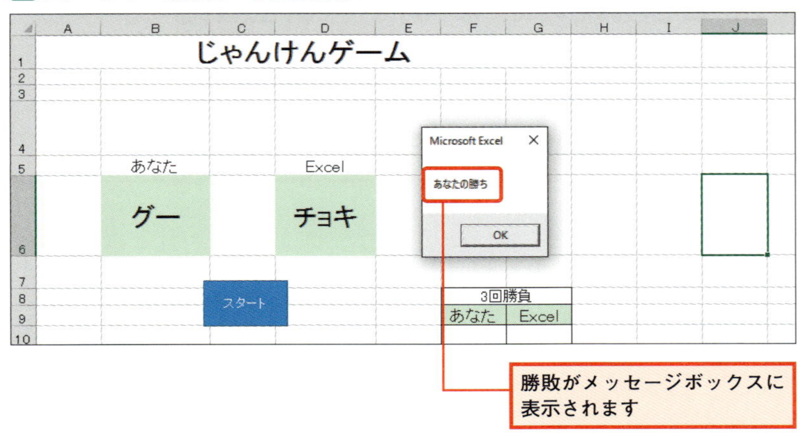

注意

エラーになってしまったら？

エラーになったら、第2章の「2-3」で説明した手順でコードを修正してください。

これで、じゃんけんゲームの勝敗を判定する機能は完成です。ひとまず、サンプル「Janken-1.xlsm」ファイルを上書き保存して閉じておきましょう。

ところで、ここではIfを使った条件に応じた処理を使いましたが、ElseIfがいくつもあってちょっと大変だったかと思います。

ElseIfがたくさんあってわかりにくい場合には、実は別の命令を使うことも可能です。それが、「Select Case」という命令であり、条件に応じた処理を行うためのものです。

早速、構文を確認してみましょう。

Select Caseの構文は、次の1つだけです。Ifのように、たくさんのパターンはありません。

Select Caseの構文

```
Select Case 対象
  Case 条件1
    対象に条件1が当てはまる時に行う処理
  Case 条件2
    対象に条件2が当てはまる行う処理
  Case Else
```

```
    どの条件にも当てはまらなかった時の処理
End Select
```

ポイントは、「Select Case」から「End Select」までが1つのまとまりだということです。そして、「Select Case」に続けて「対象」を入力します。

例えば、セルA1の値に応じた処理を行いたいのであれば、「Select Case Range("A1").Value」と入力します。

先ほどのじゃんけんゲームの「判定結果をメッセージボックスに表示する」処理の一部分をSelect Caseに書き換えたのが、次のコードです。

▼ Select Caseを使って判定結果をメッセージボックスに表示する

```
Select Case Range("D6").Value
    Case "グー"
        MsgBox "あいこ"
    Case "チョキ"
        MsgBox "あなたの勝ち"
    Case "パー"
        MsgBox "あなたの負け"
End Select
```

いかがですか？

If ElseIfのコードよりもすっきりしていますよね。今回のじゃんけんゲームではIf ElseIfを使いましたが、ElseIfがたくさんになってしまう場合は、Select Caseを使うようにしましょう。

なお、Select Caseの使い方は、次のサンプルで確認してください。

次のサンプルは、セルA1の値に応じてメッセージを表示します。条件や実行結果は、4-2で説明したIf ElseIfの例と全く同じになります。サンプル「4-1.xlsm」ファイルに保存されているので実行してみてください。

Select Caseの例

```
Sub SelectCaseSample01()
    Select Case Range("A1").Value
        Case Is >= 80
            MsgBox "Aランク"
        Case Is >= 50
            MsgBox "Bランク"
        Case Else
            MsgBox "Cランク"
    End Select
End Sub
```

このサンプル、「Case Is >= 80」のようになっていますよね。これは「80以上の時」という条件になります。Select Caseの条件には、このように「Is」を使います。

ただし、「Case Is = 80」のように等号を使う場合は、「Case 80」と「Is =」を省略して書くことができます。また、「,(カンマ)」で区切ると、「または」という意味になります。

例えば、「Case 80, 100」だと、条件は「80または100」という意味になります。

ここが疑問！

条件に文字を指定する場合はどうするの？

サンプルプログラムでは、数値が条件でした、文字の場合は「Case "VBA"」のように、条件に指定したい文字を「"（ダブルクォーテーション）」で囲みます。

ここが疑問！

IfとSelect Caseの使い分けの基準は？

厳密に「条件が何個以上はSelect Caseで」というのはありません。ただ、3つ以上になると、多くの方がSelect Caseを使うようです。

次は、「繰り返し処理」について説明します。

繰り返し処理

「繰り返し処理」とは

例えば、図4-4-1のような表で、A列とB列に数値が入力されているとします。そして、C列にA列とB列の合計を求める計算式（例えば「=A2 + B2」です）を入力するという処理を、表の一番下まで繰り返して行うとします。

このような処理を、「繰り返し処理」と言います。

▼図4-4-1　繰り返し処理の例

	A	B	C	D
1	値1	値2	合計	
2	10	5	15	
3	11	4	15	
4	21	3	24	
5	20	6	26	
6				
7				

同じ処理を繰り返して行うので、繰り返し処理と言います

図4-4-1のような処理はExcelであれば、まとめて入力したり最初の数式をコピーしたりと別のやり方もありますが、ここは「例」ということでご理解ください。

繰り返し処理を行う命令

繰り返し処理を行う命令は、「For Next」です

For Nextの構文は、次のようになります。

For Nextの構文

```
For カウンタ = 初期値 To 終了値
  繰り返す処理
Next
```

For Nextでは、「For」と「Next」の間に書かれた処理を、「カウンタ」の値が「初期値」から「終了値」になるまで繰り返します。カウンタは、処理が1回行われるごとに自動的に「1」増えます。

次のサンプルは、「VBA」という文字を5回メッセージボックスに表示するためのものです。サンプル「4Sho」フォルダの「4-2.xlsm」ファイルに保存されているので、「4-2.xlsm」ファイルを開いて試してみてください。

For Nextの例

```
Sub ForNextSample01()
    For i = 1 To 5
        MsgBox "VBA"
    Next
End Sub
```

▼図4-4-2　実行結果

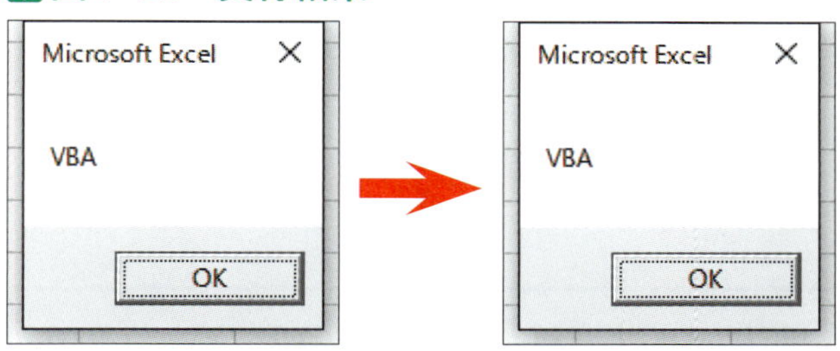

「VBA」という文字が5回表示されます

このプログラムでは、「カウンタ」を「i」で表しています。また「初期値」は「1」、「終了値」は「5」です。カウンタの値が1から5になるまで、つまり5回処理を繰り返します。

ここが疑問！ 「カウンタ」は「i」じゃないとダメなの？

他の文字でもOKです。この「i」は、正確には変数と言って、皆さんが好きな文字を使うことができます（変数については、第5章で詳しく説明します）。

なお、カウンタの増える値は変えることができます。

変えるには、次のように「Step」を使って「増減値」を指定します。

```
For カウンタ = 初期値 To 終了値 Step 増減値
```

「増減値」を指定する場合は、次のようなコードになります。

「増減値」を指定した場合のコード

```
For i = 1 To 10 Step 2
```

これで、カウンタが「2」ずつ増えます。

ここが疑問！

「増減値」にはマイナスは指定できるの？

指定できます。その場合は、「For i = 10 To 1 Step -1」のようにコードを書きます。なお、初期値の方が終了値より大きい点に注意してください。

これで、繰り返し処理についての説明は終わりです。

次は、この繰り返し処理を使って、じゃんけんゲームを『3回勝負（3回戦って、「勝ち」が多いほうが勝ち）』という仕様にしてみましょう。

4-5 次は「構文」について

じゃんけんゲームを3回勝負にする

3回繰り返して勝負できるようにする

じゃんけんゲームを「3回勝負」にします。ここで言う「3回勝負」とは、とにかく「3回戦う」という意味です。3回戦うのですから、じゃんけんを3回繰り返すことになります。

早速、For Nextを使って3回勝負できるようにしましょう。

先ほど、勝敗の判定をできるようにした「Janken-1.xlsm」を開いてください。

そしてVBEを開き、次のコードを追加してください（赤字の部分です）。

追加するコード

```
Sub Janken()
    For i = 1 To 3
    Range("B6").Value = InputBox("じゃんけん")
    If Range("B6").Value = "グー" Then
        If Range("D6").Value = "グー" Then
            MsgBox "あいこ"
        ElseIf Range("D6").Value = "チョキ" Then
    ～中略～
    End If
    Next
End Sub
```

ここで、For Nextの構文を思い出してみてください。

3回繰り返すのですから、For Nextの「初期値」は「1」、「終了値」は「3」になります。そして、ここでも「カウンタ」は「i」を使います。

これで、じゃんけんが3回繰り返されることになります。

入力できたら、動作確認をしましょう。「スタート」ボタンをクリックしてください。

図4-5-1　実行結果

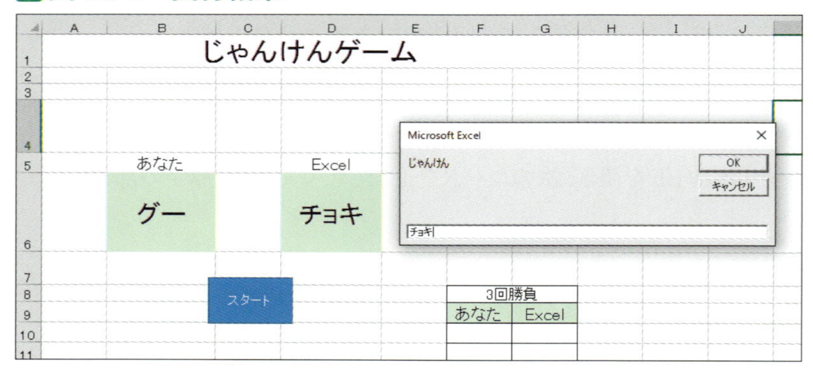

3回勝負が繰り返されます

繰り返しになりますが、小マメに動作確認をすることはとても大切です。動作確認する前にファイルを上書き保存しておけば、たとえエラーでExcelが動かなくなってしまっても、コードを入力し直さずに済むのですから。

これでOKです。ただ、これだと最終的にどちらが勝ったかもわかりません。そこで本章の締めとして、じゃんけんゲームにいくつか機能を追加します。

じゃんけんゲームに機能を追加する

追加する機能は、次のとおりです。

- セルB4とD4に勝負の度に、「勝ち」「負け」「あいこ」と表示する
- セルB4とD4の結果によって、フォントの色を変える
- 勝った回数をセルF10とG10に表示する
- 勝った回数によって、最後にメッセージを表示する

いずれも、これまで説明した命令でできる内容です。

では、順番に行きましょう。

セルB4とD4に勝負の度に「勝ち」「負け」「あいこ」と表示する

セルB4とD4のそれぞれに、「勝ち」「負け」「あいこ」と表示されるようにします。

先ほどのコードを変更します。メッセージボックスを表示するコードの部分を赤字のように変更してください。コードの意味は、今まで何度も出てきたValueですから大丈夫ですよね？

なお変更したコードですが、皆さんの出す「手」が「グー」の時の部分だけ掲載しています。「チョキ」や「パー」の場合も基本的に同じパターンですから、自分で考えて入力してみてください。

「それはちょっと大変だ」という方は、「4Sho」フォルダの「Janken-4章まで.xlsm」に完成したコードが入力されているので、そちらを参考にしてください。

変更したコード

```
If Range("B6").Value = "グー" Then
    If Range("D6").Value = "グー" Then
        Range("B4").Value = "あいこ"
        Range("D4").Value = "あいこ"
    ElseIf Range("D6").Value = "チョキ" Then
        Range("B4").Value = "勝ち"
        Range("D4").Value = "負け"
    ElseIf Range("D6").Value = "パー" Then
        Range("B4").Value = "負け"
        Range("D4").Value = "勝ち"
    End If
    以下略
```

ちょっと多くて大変ですが、頑張って入力しましょう。

これで、勝ち負けの結果がメッセージボックスではなくセルに表示されるようになります。

動作を確認してみましょう。

「スタート」ボタンをクリックしてください。

図4-5-2　勝ち負けの結果の表示

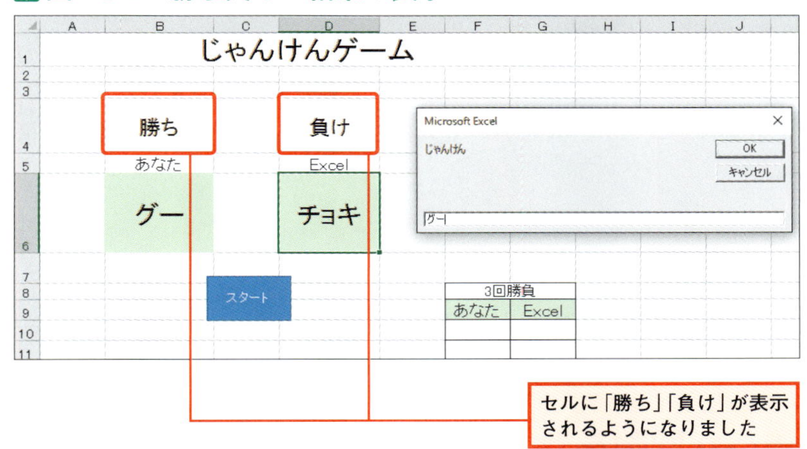

動作が確認できたら、ファイルを上書き保存してください。引き続き使うので、閉じないでくださいね。

さて、「勝ち」「負け」が表示できたらフォントに色を付けてみましょう。色は、「勝ち」を「赤」、「負け」を「青」、「あいこ」を「黒」にします。

これまでの知識があれば皆さんにも作れるコードですから、ここは頑張ってやってみてください。

一応、ヒントを出しておきますね。

- フォントの色は「Font.Color」で指定できる
- VBAでは、「赤」は「vbRed」、「青」は「vbBlue」、「黒」は「vbBlack」で表される
- コードを入力するのは、じゃんけんの勝ち負けを判定した後から、繰り返し処理の終わりを表す「Next」の間

ちょっと難しいですかね。大変かもしれませんが、ここはぜチャレンジしてみてください。

なお、先ほどと同様に「4Sho」フォルダの「Janken-4章まで.xlsm」に完成したコードが入力されているので、そちらを参考にしても結構です。

これで、「勝ち」「負け」の表示については完成です。次に、どちらが何回勝ったかを表示するようにします。

勝った回数をセルF10とG10に入力する

3回勝負で、どちらが何回勝ったかわかるようにします。

▼図4-5-4　勝った回数の表示

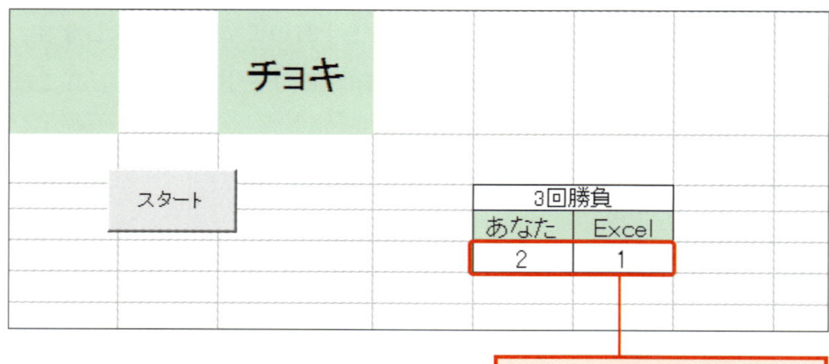

先ほど入力したプロシージャにコードを追加します。追加するコードは、次のようになります。

追加するコード

```
    If Range("B4").Value = "勝ち" Then
        Range("B4").Font.Color = vbRed
        Range("D4").Font.Color = vbBlue
        Range("F10").Value = Range("F10").Value + 1
    ElseIf Range("B4").Value = "負け" Then
        Range("B4").Font.Color = vbBlue
        Range("D4").Font.Color = vbRed
        Range("G10").Value = Range("G10").Value + 1
    Else
        Range("B4,D4").Font.Color = vbBlack
    End If
    Next
End Sub
```

ここでは、セルF10が皆さんの勝った回数、セルG10がExcelの勝った回数です。先ほどのフォントの色を変えた時と同じように、皆さんの勝敗が入力されたセルB4の値に応じて処理をします。

ただ、ここでちょっとわかりにくいコードが出てきましたよね。

追加したコードを取り出すと、次のようになっています。

追加するコード

```
Range("F10").Value = Range("F10").Value + 1
```

なんだか変なコードじゃないですか？

詳しく説明していきましょう。

まずは、「=」の右側だけを見ます。

```
Range("F10").Value + 1
```

この部分は、セルF10の値に「1」を「加算する」という意味になります。例えば、セルF10に「5」が入力されているとします。そうすると、この処理の結果は「6」になりますよね。となると、ここで行われている処理は次の図4-5-5のようになります。

図4-5-5　勝った回数を表示する処理のコード

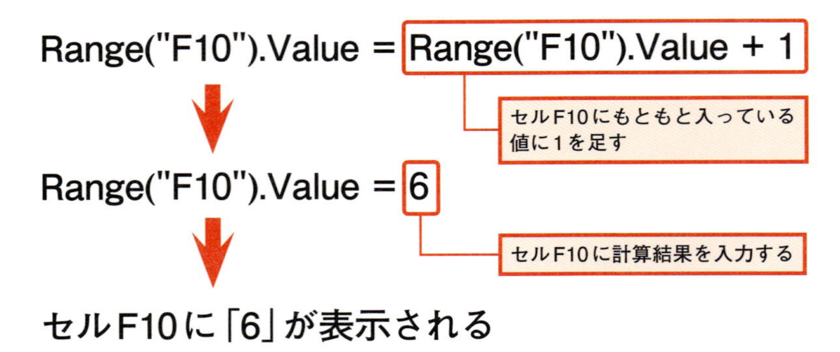

つまり、この処理は「セルに表示されている元の値に「1」足す処理」なのです。

「=」を等号だと思ってしまうと、とても変な感じがしますが、値を入力する「=」だと思えば大丈夫なはずです。

さて、コードを入力したら動作チェックです。「スタート」をクリックしてください。

図4-5-6　実行結果

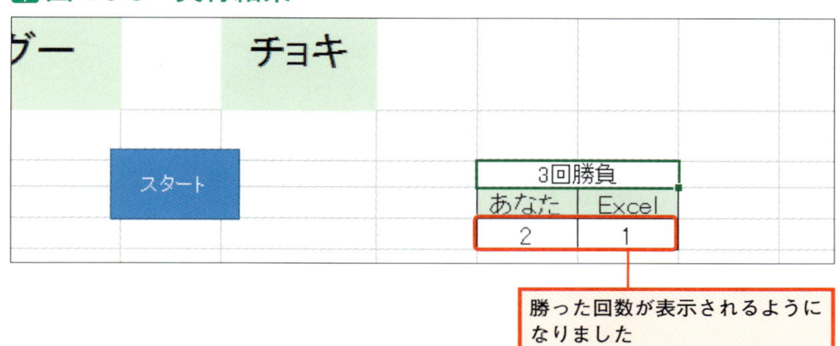

これで、勝った回数が表示されるようになりました。ただ、これで完成ではありません。この「勝った回数を表示する機能」ですが、じゃんけんゲームをする度に数が増えていってしまいます。

図4-5-7　数がどんどん増える

これでは困りますよね。そこでゲームが始まった時に、この2つのセルの値をクリアするようにします。

次のコードを追加しましょう。

追加するコード

```
Sub Janken2()
    Range("F10,G10").ClearContents

    For i = 1 To 3
```

セルの値をクリアするには「ClearContents」を使います。これで、セルF10とセルG10がクリアされるようになりました。入力できたら動作チェックをしてくださいね。

さあ、いよいよ最後です！

勝った回数によって最後にメッセージを表示する

3回戦った後、結果をメッセージボックスに表示します。

次のコードを追加しましょう。

追加するコード

```
        Range("B4,D4").Font.Color = vbBlack
    End If
    Next
    If Range("F10").Value > Range("G10").Value Then
        MsgBox "あなたの勝ち"
    ElseIf Range("F10").Value = Range("G10").Value Then
        MsgBox "あいこ"
```

```
    Else
        MsgBox "あなたの負け"
    End If

End Sub
```

皆さんとExcelの勝った回数は、それぞれセルF10とセルG10に入力されています。そこで、それらのセルの値を比較します。コードは、これまで出てきた命令ばかりですからわかりますよね。

入力できたら、動作チェックをしましょう。「スタート」をクリックしてください。

図4-5-8　3回勝負の完成

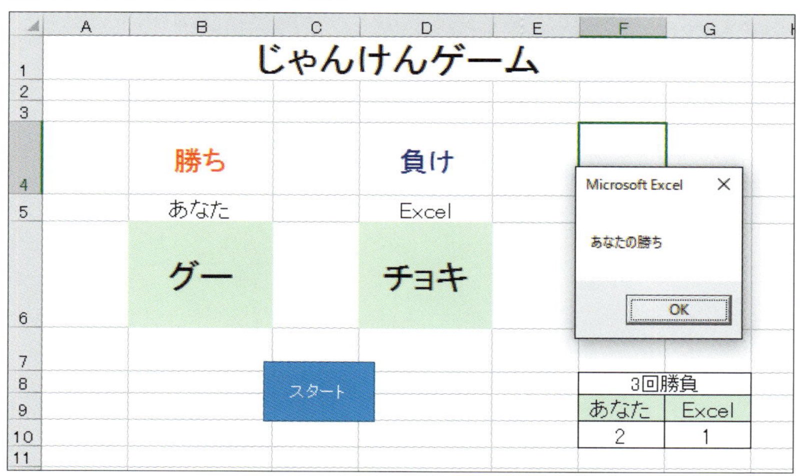

3回勝負が終わると、最終結果が表示されます

いかがでしたか？

ちょっと入力するコードが多くて大変だったと思いますが、ここまでで第4章は終了です。

この章で学んだ「条件に応じた処理」と「繰り返し処理」は、業務でも頻繁に使われます。もし不安であれば、次の章に進む前にしっかりと復習しておいてくださいね。

次の第5章では、VBA関数について説明します。

そしていよいよ、じゃんけんゲームも完成します！

第5章

次は「VBA関数」について

5-1 次は「VBA関数」について

なぜ、今度は「VBA関数」について学ぶのか

VBAのプログラムでVBA関数を使わないことは無い

VBA関数は、何らかの処理をした結果を返す命令です。この「結果を返す」という表現、意味がわかりますか？

具体例で説明しましょう。

VBA関数の1つに、Left関数があります。この関数は、指定した文字の左側から指定した数だけ文字を取り出します。

図5-1-1がそのイメージです。

図5-1-1　Left関数の処理のイメージ

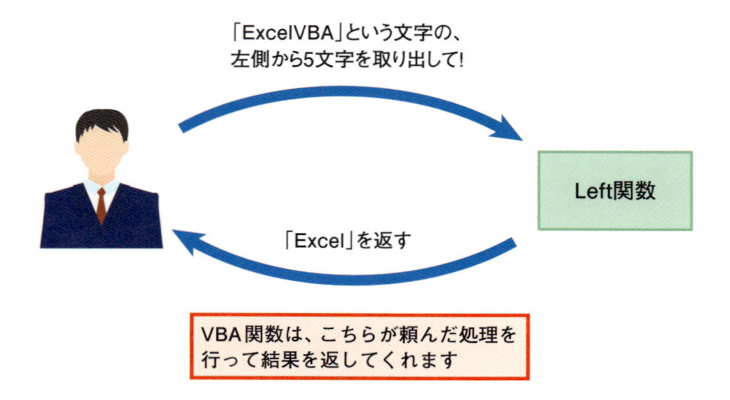

Left関数の処理結果が戻ってくる（返される）ので、関数では「処理結果を返す」という表現が使われます。また、この返された値を「戻り値」と呼びます。

戻り値

用語解説

VBA関数から返された値、つまり戻ってきた値なので、「戻り値」と言います。

ではなぜ、ここまできてあらためて、VBA関数を学ばなくてはならないのでしょうか？

理由は簡単、VBAのプログラムでVBA関数を使わないということは、まずあり得ないからです。皆さんが今後VBAを使っていく以上、どこかで必ずVBA関数を使う場面が出てきます。ですから、VBA関数についてはここできっちりと理解しておくようにしてくださいね。

もちろん、すべてのVBA関数をここで紹介しようなんて思っていません。また、代表的なものをいくつか紹介する、ということもしません。

なにせ、VBA関数は100以上あるので、実際に皆さんがどのVBA関数を使うことになるかなんて、誰にもわからないでしょう。

だから第5章では、「VBA関数の基本的な使い方」についてのみ、徹底的に学んでいただきます。基本的な使い方さえマスターしてしまえば、後はなんとかなるはずですから。

VBA関数の使い方

VBA関数の基本的な使い方を学ぶ前に

まずは前準備ということで、「変数」について説明します。

VBA関数は5-1で説明したように、処理結果を返します。処理結果が返ってくるといっても、それはプログラムの中での話ですから、プログラムの中に返ってきた値（戻り値）を受け取る仕組みが必要です。

図5-2-1　関数の処理結果を受け取る仕組み

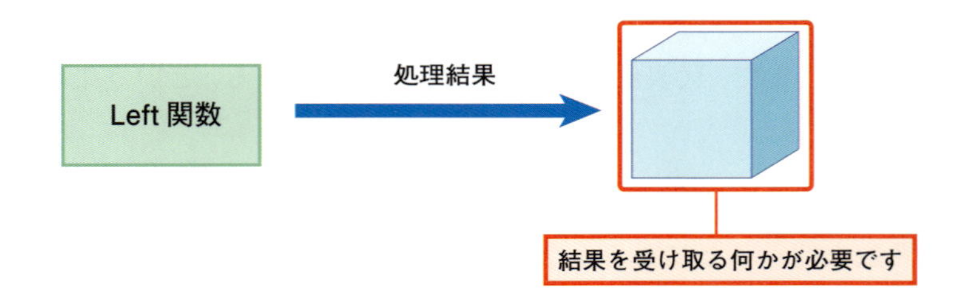

この「受け取る仕組み」としてよく使われるのが、「変数」です。

変数とは

変数とは、「値を入れておくことができる箱」です。そして、変数には名前を付けることができます。

変数の名前は、ちょうど箱にラベルを貼って、どんなものが入っているかわかりやすくするのと似ています。

図5-2-2　変数のイメージ

そして、**一度値を入れた後でも、変数の中身を入れ替えることが可能です。**

図5-2-3　変数の値は入れ替えることができる

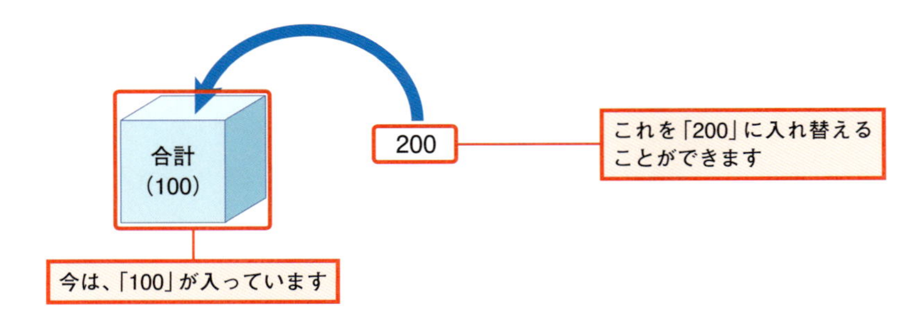

なんとなく、イメージつかめたでしょうか？

正直、全てがプログラムの中で行われることですから、なかなかピンと来ない方もいるでしょう。ただ、変数は使っているうちに必ず、だんだんとわかってきますから、とりあえず「変数とは値を入れる箱なんだな」くらいの理解で十分ですよ。

では、その変数をプログラムの中でどのように使うかについて、説明していきましょう。

変数

値を入れることができる「箱」が変数です。中身を入れ替えることもできる（値が変わる）ため、変数と言います。また、変数には名前を付けられますし、入れる値の種類（文字や数値、日付など）を決めることもできます。

変数の使い方

次のプログラムを見てください。

変数の具体例

```
Sub VarSample01()
    Dim msg As String 'msgという変数を使います

    msg = "こんにちは"    '変数msgに「こんにちは」という文字を入れる
    MsgBox msg           '変数に入れられている値をメッセージボックスに表示する
End Sub
```

コード内の緑文字部分について

今後、必要に応じてコード内に「緑の文字」で補足説明を入れていきます。コードの一部ということではないので、注意してくださいね。

まず、「Dim msg As String」の「msg」が変数です。この1行は、「この後このプログラムの中で「msg」という名前の変数を使うよ」という意味になります。

これを「変数の宣言」と言います。

そして、次の「msg = "こんにちは"」で、変数msgに「こんにちは」という文字を入れています。ここでも「=」が使われています。「=」は値を入れたり設定したりするときに使える記号でしたよね。ここも同じです。変数に文字を入れるために使っているのです。

そして最後に「MsgBox msg」で、変数msgの中に入っている値をメッセージボックスに表示します。

では、実際にこのプログラムを実行して確認してみましょう。

サンプル「5Sho」フォルダにある「5-1.xlsm」ファイルを開いてください。VBEを開いて、「VarSample01」プロシージャを実行しましょう。

▼図5-2-4　実行結果

変数msgに入れた「こんにちは」という文字が、メッセージボックスに表示されます

いかがですか？　どんな感じかわかりましたか？

とにかくここでは、「変数は値を入れたり出したりすることができる」というのがわかれば十分ですからね。

さて、実は変数にも構文やルールがあります。

変数のルール

変数は「これからこの文字を変数として使うよ」と、プログラムの中で明示しなくてはなりません。これを「変数を宣言する」と言います。変数を宣言するための構文は、次のようになります。

変数を宣言するための構文

```
Dim 変数名 As データ型
```

Dimの後、半角スペースを入れて変数の名前を指定します。Asの後には、変数に入れる値の種類を決める「データ型」を指定します。

「データ型」を指定して、変数に「文字」や「整数」など、どんな値が入るかを決めることができます。そうすることで、プログラムの中で、数値を入れるのに間違って文字を入れてしまうといった間違いを無くすことができます。

用語解説

変数の宣言

変数は「Dim」を使って宣言してから使います。変数はプログラムの先頭（Subのすぐ後）で宣言します。

変数のデータ型はいろいろありますが、ひとまず覚えて欲しい「データ型」は図5-2-5になります。

図5-2-5　変数に使える主なデータ型

データ型	入れられる値の種類
Long	整数
Double	小数
String	文字列
Date	日付
Variant	すべて

以上、変数に関する基本的なお話はここまでです。

変数とVBA関数

では、実際にVBA関数の「返す値」を変数に入れるプログラムを見てみましょう。

VBA関数の処理結果を変数に入れるプログラム

```
Sub VarSample02()
    Dim nichi As Date   'nichiという変数を使うことを宣言

    nichi = Date        'Date関数の返す値を変数nichiに入れる

    '変数nichiに入れられている値をメッセージボックスに表示する
    MsgBox nichi
End Sub
```

このプログラムでは、「Date」というVBA関数を使っています。Date関数は、実行した時の日付を返す関数です。「nichi = Date」のところで、変数nichiにDate関数の結果を入れています。その後、メッセージボックスに変数nichiの値を表示します。

サンプル「5-2.xlms」ファイルに保存されているので、実際に試してみてください。

図5-2-6　実行結果

注意

表示される日付

図5-2-6では「2016/07/03」と表示されていますが、Date関数は実行した日の日付を返す関数ですから、皆さんの画面には、皆さんがプログラムを実行した日付が表示されます。

さて、ここまでで変数がどんなものなのか、だいぶわかっていただけたと思います。そろそろ、話を本来のVBA関数に戻しますね。

VBA関数の基本的な使い方

VBA関数は、大きく分けて次の2つのパターンがあります。

- 単に結果だけを返す関数
- 何か値を受け取って、それを元に結果を返す関数

1つ目の「単に結果だけを返す関数」とは、先ほどのDate関数のようなものです。Date関数は日付を返す関数でしたよね。その時、特に何も指定していませんでした。

このパターンの関数は、特に使い方で難しいことはありません。大事なのは、次の「何か値を受け取って、それを元に結果を返す関数」の方です。

本章の最初に、Left関数のお話をしました。その時、Left関数は「指定した文字の左側から、指定した数だけ文字を取り出します」と説明しました。

図5-2-7　Left関数の処理のイメージ

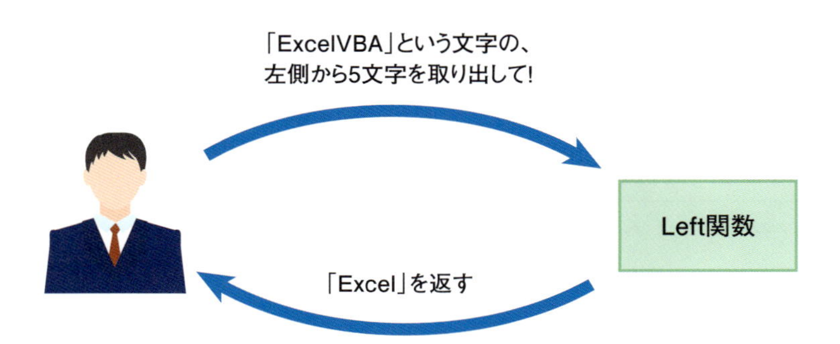

この処理では、「ExcelVBA」という文字と「左側から５文字」という指示を関数に与えることになります。この「ExcelVBA」と「左側から５文字」が、関数が受け取る「値」になり、Left関数はこの「値」を元に処理します。

ちょっと具体例を見てみましょう。次のプログラムは、実際に図5-2-7の処理を行います。

Left関数のサンプルプログラム

```
Sub LeftSample()
    Dim moji As String  'mojiという変数を使うことを宣言

    '変数mojiに、「ExcelVBA」の左から5文字を取り出して入れる
    moji = Left("ExcelVBA", 5)

    '変数mojiに入れられている値をメッセージボックスに表示する
    MsgBox moji
End Sub
```

このプログラムも「5-1.xlsm」ファイルに保存されていますから、実行して試してみましょう。

図5-2-8　実行結果

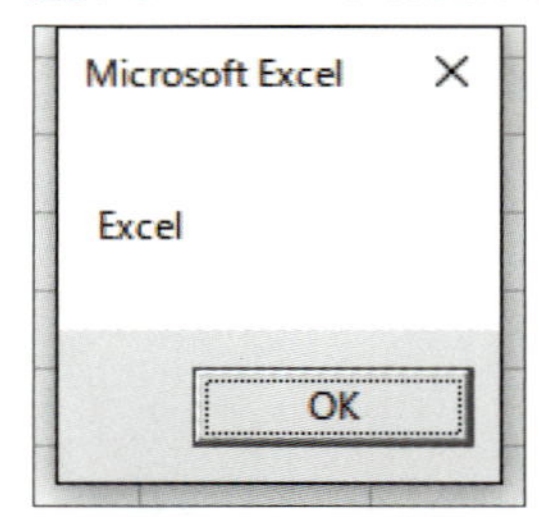

「ExcelVBA」から左側5文字が取り出されました

ポイントは、「moji = Left("ExcelVBA", 5)」の部分です。Left関数の後にカッコがあって、その中に文字と数値が指定されています。ここでは、最初の「ExcelVBA」が取り出す元となる文字で、2つ目の「5」が取り出す文字数になります。

このように、VBA関数には「何か値を受け取って、それを元に結果を返す関数」があります。そして、VBA関数が受け取る値は、関数の後にカッコを付けて指定します。

なお、このカッコの中の値のことを、VBA関数の「引数」と呼びます。

用語解説

引数

VBA関数に指定する値を、引数と言います。引数が複数ある場合は「,(カンマ)」で区切ります。

VBA関数の一番のポイントは、この引数の指定です。

ただ、皆さんがVBA関数を色々と使うのはまだ先のお話ですから、まずVBA関数について次のことをしっかりと頭に入れておいてください。

VBA関数は、何らかの処理をしてその結果を返す命令である

そして、そのVBA関数には次のようなものがある、ということもしっかりと覚えておいてください。

VBA関数には何か値を受け取って、それを元に結果を返す関数がある

以上で、VBA関数の基本についての説明は終わりです。

次は、VBA関数ではないのですが、皆さんが自分用の関数を作ってVBA関数と同じように使うことができる「Functionプロシージャ」について説明したいと思います。

Functionプロシージャ

もう１つのプロシージャ

ここまでいくつかのサンプルプログラムを実行したり、実際にじゃんけんゲームを通じてプロシージャを作ったりしてきました。

ただ、全て「Subから始まるSubプロシージャ」でしたよね。

今度は、もう1つのプロシージャである「Functionプロシージャ」について説明します。

Functionプロシージャは、値を返すことができるプロシージャです。

「値を返す」って、聞いたことありますよね。

そう、VBA関数と同じです。

実は、Functionプロシージャを使うと、オリジナルの関数を作ることができるのです。そして、その関数のことをVBAでは、「ユーザー定義関数」と言います。

ユーザー定義関数

用語解説

Functionプロシージャを使って作られたユーザー独自の関数を、ユーザー定義関数と言います。

では、何のためにFunctionプロシージャがあるのでしょうか？

Functionプロシージャがある理由

VBA関数には沢山の種類があって、それだけでもかなり便利です。でも、実務になると足りないことがあります。例えば、今日の日付を求めるのはDate関数ですが、3日後とか5日後の日付を求める関数はありません。また、消費税の計算は実務であれば色々なところで出てきますが、消費税を求めるVBA関数はありません。

このように、実務ではVBA関数だけでは足りないことが、結構頻繁にあるのです。だから、Functionプロシージャを使って独自の関数を作るのです。

ユーザー定義関数の具体例

次の2つのプロシージャを見てください。

ユーザー定義関数の例

```
Sub FunctionSample()
    Dim nichi As Date   'nichiという変数を使うことを宣言

    nichi = Date5       'Date5関数の返す値を変数nichiにいれる

    '変数nichiに入れられている値をメッセージボックスに表示する
    MsgBox nichi
End Sub
```

```
'5日後の日付を返す関数
Function Date5() As Date
    Date5 = Date + 5    'Date関数の結果に5日加える
End Function
```

1つ目のSubプロシージャは、先ほどDate関数の例のところで紹介したものとほとんど同じです。ただ、Date関数ではなく「Date5」関数になっています。

このDate5関数ですが、VBA関数にはありません。では、どうなっているかというと、それが2つ目のFunctionプロシージャです。

このFunctionプロシージャは、Date関数で日付を求め、その日付に5を加えて（日付はこのように足し算することができます）、その結果を返すプロシージャです。

実行して動作を試してみましょう。

サンプル「5-2.xlsm」ファイルに保存されているので、1つ目のSubプロシージャを実行してみてください。

図5-3-1　実行結果

5日後の日付が表示されました

注意

表示される日付

図5-3-1の実行結果は、皆さんがこのプログラムを実行した日によって変わります。

どうですか？

少なくとも、VBA関数と同じ使い方ができていることはわかりますよね。

動きがわかったところで、構文を確認してみましょう。

Functionプロシージャの構文

Functionプロシージャの構文を見てみましょう。

Functionプロシージャの構文

```
Function 関数名() As 戻り値のデータ型
    処理
    関数名 = 処理結果
End Function
```

Functionの後に関数名を入力します。また、カッコの後に処理結果（戻り値）のデータ型を指定します。データ型は、変数のデータ型と同じです。なお、実際に値を返す処理は、「関数名= 処理結果」という形で入力します。

さて、ここで先ほどのFunctionプロシージャを、もう一度見てみましょう。Functionプロシージャの構文と比較しながら見てください。

Functionプロシージャの例

```
'5日後の日付を返す関数
Function Date5() As Date
    Date5 = Date + 5      'Date関数の結果に5日加える
End Function
```

ここでは、Functionの後に「Date5」と入力されています。ですから、この「Date5」が関数名になります。また、「As Date」となっています。「Date」は日付を表すデータ型ですので、この関数は日付を返す関数だということがわかりますよね。

そして、「Date5 = Date + 5」の部分では、Date関数に5を足し算し、その結果をこの関数の戻り値に指定しています。

このDate5関数を使うと、今の日付の5日後の日付を返してくれるのです。

日付は足し算ができるの？

ここが疑問！

Date5関数では、Date関数に「+ 5」して5日後の日付を求めていました。VBAでは、このように日付に数値を足し算することができます（引き算もできます）。これは、Excelでは日付をシリアル値という値で表していて、1日はシリアル値の「1」になるためです。

以上、これがFunctionプロシージャの基本です。

次は第5章の締めということで、じゃんけんゲームの仕上げを行っていきましょう。

5-4 次は「VBA関数」について

じゃんけんゲームを仕上げる

Excelの出す「手」を変えるようにする

じゃんけんゲームの仕上げを行います。

まだ作っていない機能は、これでしたよね。

Excelの出す「手」をランダムに変える

これまでは、Excelの出す「手」はずっと「チョキ」のままでした。これではゲームとは言えません。

そこで、Excelの出す「手」も、じゃんけんの度に変えるようにします。

図5-4-1　Excelの出す「手」が変わるようにする

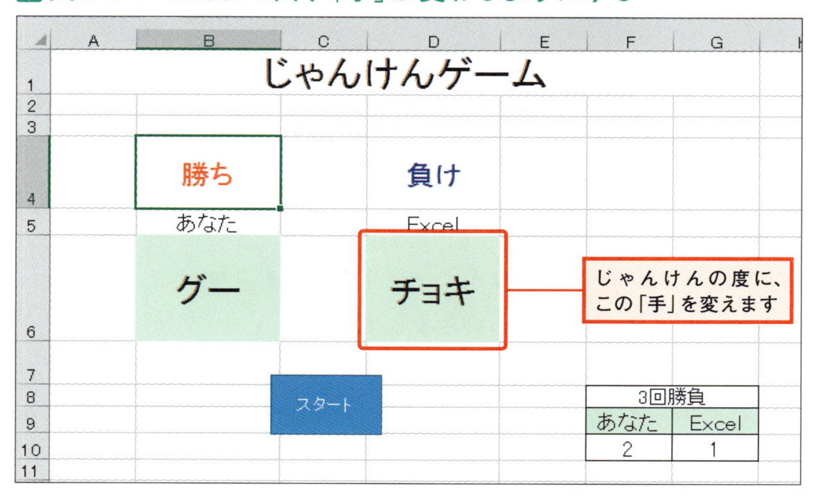

Excelの「手」を決める関数を作る

VBA関数に「グー」「チョキ」「パー」のどれかを返す、という関数があればいいのですが、さすがにそれはないので、Functionプロシージャを使って自分で作ることにします。

まずは、この関数がどういった処理をするのかを考えてみましょう。

じゃんけんでは、「グー」「チョキ」「パー」の3種類の手をランダムに出します。ですから、ランダムに対応するVBAの関数を考えなければなりません(ネットで、「VBA ランダム」で検索をかければすぐに見つかります)。

VBA関数には、Rnd関数があります。この関数は、「0から1未満の値」をランダムに作ってくれる関数です。

Rnd関数が作るのは数値ですが、これを利用することにします。

Rnd関数は「0から1未満(つまり0.9999･･･)の値を返す」関数です。これと「グー」「チョキ」「パー」を対応させなくてはいけません。

そこで、次のように考えます。

- Rnd関数を使って、「0」「1」「2」の3つの値を出すようにする
- その「0」「1」「2」の3つの数値を、「グー」「チョキ」「パー」のそれぞれに対応させる

1つ目がうまくいけば、なんとかなりそうですよね。

というわけで、1つ目からいきましょう。

実はVBAの世界では、Rnd関数を使って整数をランダムに出す方法の定番があるんです。例えば、今回のように3つの値が欲しい場合は、次のコードになります。

Rnd関数を使って整数を出す定番の形

```
Int(Rnd() * 3)
```

「＊ 3」の部分ですが、これはRnd関数の結果を3倍しています。ここがポイントです。今回は3種類の整数が欲しいので、「＊ 3」としています。もし、5種類の整数が欲しかったら、ここを「＊ 5」にしてください（詳しい仕組みはこの後で説明します）。

そして「Int」ですが、これは**Int関数で、指定した値の小数を切り捨てる関数です。**

これで「0」「1」「2」の3つの値を出すことができます。

どうしてそうなるかさっぱり、という方もいると思いますので、このコードがどのような処理になっているか順番に見ていきましょう。

図5-4-2　0から2の3つの値を出す仕組み

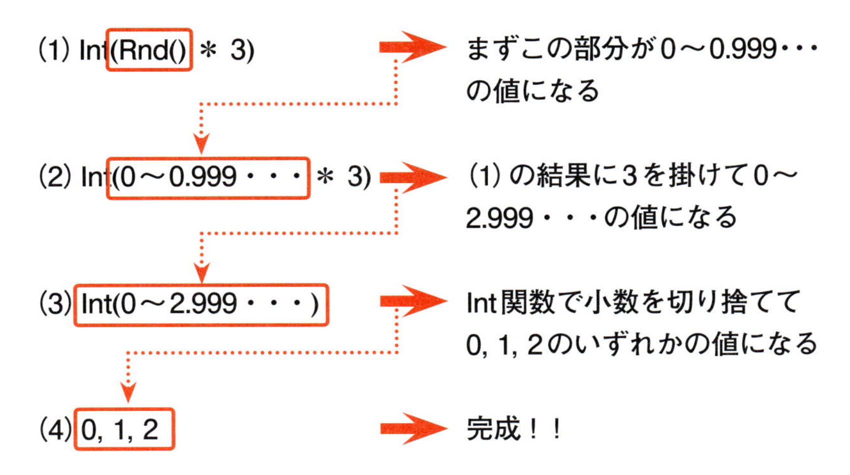

こんな仕組みで、「0」「1」「2」の3つの値を求めることができるのです。

それでは、ここまでをプログラムにしてみましょう。

第4章まで作った「じゃんけんゲーム」のファイルを開いてください。

うまく保存できていない方は、サンプル「5Sho」フォルダの「Janken-5章はじめ.xlsm」ファイルを開いてくださいね。

じゃんけんゲームに関数を追加する

ファイルを開いたら、「Janken」プロシージャの下にFunctionプロシージャを使った関数を作ります。関数名は「ExcelNoTe」にしましょう。

次のコードを入力してください。

Excelの「手」を返す関数

```
Function ExcelNoTe() As String
End Function
```

まずは枠組みだけで結構です。この関数、最終的には「グー」「チョキ」「パー」のどれかの文字を返すので、返す値のデータ型を文字を表すStringを使って、「As String」としています。

では、このプロシージャに、先ほどのRnd関数を使ったコードを追加してみましょう。

Rnd関数の処理を追加する

```
Function ExcelNoTe() As String
    Dim num As Long
    Randomize
```

```
    num = Int(Rnd() * 3)
End Function
```

まずは、変数numを宣言します。これは、Rnd関数を使って求めた「0」「1」「2」のいずれかの数値を入れるための変数です。「0」「1」「2」のどれか（整数）が入るので、整数を表すLong型の変数にしています。

次に、「Randomize」と入れてください。この命令は、Rnd関数と必ずセットで使われる命令で、Rnd関数の1行前に入力します。そして、次の「num = Int(Rnd() * 3)」の部分で、変数numに処理結果を入れています。

ここまでくれば、この関数の完成ももうすぐです。次に「0」「1」「2」の値を、それぞれ「グー」「チョキ」「パー」に置き換えます。

ここは「If」が使えますね。

早速、次のコードを追加しましょう。

数値を「グー」「チョキ」「パー」に置き換える

```
Function ExcelNoTe() As String
    Dim num As Long
    Dim te As String
    Randomize
    num = Int(Rnd() * 3)

    If num = 0 Then
        te = "グー"
    ElseIf num = 1 Then
```

```
        te = "チョキ"
    Else
        te = "パー"
    End If

    ExcelNoTe = te
End Function
```

まず、変数teを宣言します。これは、置き換えた「グー」「チョキ」「パー」の文字を一旦入れておくためのものです。

そしてIfを使って、「0」の時は「グー」、「1」の時は「チョキ」、それ以外(3の時)は「パー」にしています。

これでほとんど完成です。

最後に、この関数が結果を返すために、構文にある「関数名 = 処理結果」の部分を追加します。

次のコードを入力してください。

Excelの「手」を返す

```
Function ExcelNoTe() As String
    Dim num As Long
    Dim te As String
    Randomize
    num = Int(Rnd() * 3)

    If num = 0 Then
```

```
        te = "グー"
    ElseIf num = 1 Then
        te = "チョキ"
    Else
        te = "パー"
    End If

    ExcelNoTe = te
End Function
```

これで、Excelの「手」を出す関数は完成です。

あとは「Janken」プロシージャに、この関数を呼び出すコードを追加すれば、じゃんけんゲームの完成になります。

ということで、次のコードを追加しましょう。

Jankenプロシージャに Excelの「手」を出す処理を組み込む

```
Sub Jankens()
Range("F10,G10").ClearContents

    For i = 1 To 3
    Range("B6").Value = InputBox("じゃんけん")
    Range("D6").Value = ExcelNoTe
    If Range("B6").Value = "グー" Then
```

Excelの「手」は、セルD6に入力されていましたよね。そこで、今作成したExcelNoTe関数の結果を、セルD6に入力します。

それで完成です。

さて、動作確認をしておきましょうか。

Excelの画面に戻って、「スタート」ボタンをクリックしてください。

図5-4-3　実行結果

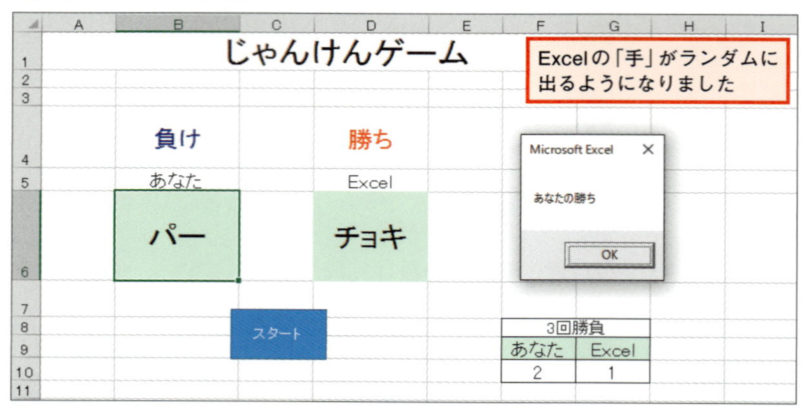

ちゃんと動きましたか？

問題無ければ、これでめでたく【第2部　じゃんけんゲームを作ろう】は終わりです。

VBAのコードを初めて入力した皆さんが、Ifを使った条件に応じた処理をしたり、For Nextを使った繰り返し処理をしたり、最後はVBA関数を使うだけではなく、独自の関数を作ったりしました。

かなり盛りだくさんでしたよね。

ここまでできただけでも、大したものだと思います。

次の第6章からはいよいよ、【第3部　請求書作成ツールを作ろう】が始まります。

じゃんけんゲームとは異なり、いかにも「業務」という感じですよね。

頑張ってください！

「請求書作成ツール」を作ろう

第3部で作る「請求書作成ツール」は、思いっきり「業務用のプログラム」です。少し難易度は高いですが、ここまでできるようになれば、本書が目指すゴール（忘れた方は、「はじめに」参照）には間違いなく到達できますからね。

頑張りましょう！

さて、「請求書作成ツール」には、VBAを使って次の機能を持たせます。

- ユーザーインターフェースを使って、取引先や請求月を指定する
- 請求書の雛形をコピーして、請求データを入力する
- 請求書の金額欄に請求金額を表示する
- 請求書をファイルとして保存する

これらの機能、言い換えると次のような処理を行うということです↓

- ユーザーフォームを使って、ユーザーインターフェースを作る
- 雛形になるワークシートをコピーし、セルに請求データを入力する
- 計算式をセルに設定する
- 新たにファイルを作り、名前を付けて保存する

更に第3部では、次のような話もさせていただきます。

- 業務用プログラムを作るときに、知っておいてほしいこと
- 業務用にゼロからコードを書くときに、知っておいてほしいこと

業務で使うプログラムを作るためには、単にVBAの命令を知っていて、単にコードを入力するだけではダメなのです。

そんなことも踏まえつつ、一緒に「請求書作成ツール」を作っていきましょう！

「請求書作成ツール」を作るための準備

「請求書作成ツール」を作るために必要な命令

ユーザーインターフェースとワークシート、そしてあらためてセルについて

いよいよ、（シンプルですが）業務用のプログラムである「請求書作成ツール」を作るわけですが、その前に、「請求書作成ツール」を作るために知っておいて欲しいVBAの命令がいくつかあるので、先に整理しておきたいと思います。

本章で説明するのは、次の3つです。

- ユーザーインターフェースについて
- ワークシートについて
- セルの表し方

「ユーザーインターフェース」ですが、業務で使うプログラムだと、図6-1-1のようなメニュー画面が大抵はありますよね。

メニュー画面だけではなく、顧客情報などのデータを入力する画面が用意されているプログラムもあるでしょう。

業務用システムの場合、ユーザー（皆さん）がコンピュータに何か命令したり、皆さんとコンピュータが情報をやり取りしたりするという場面が多々あります。

例えば、売上データを集計するために「集計」ボタンをクリックするのであれば、そのボタンをクリックすることで、皆さんがコンピュータに「集計しろ」と命令していることになります。また、「顧客データ入力」という画面があれば、その画面を使って顧客データをコンピュータに入力することになるでしょう。

▼図6-1-1 メニュー画面の例

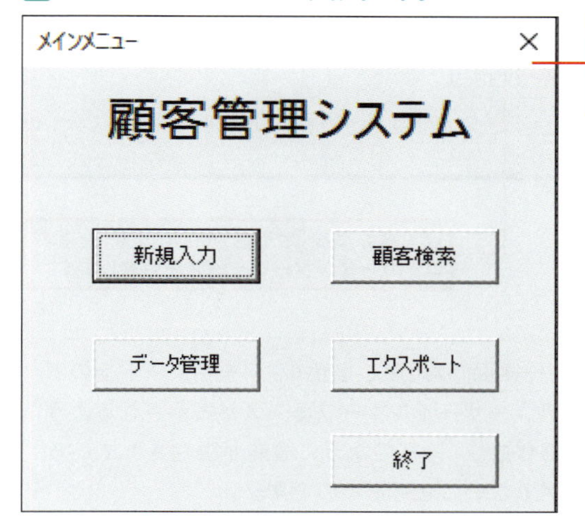

業務システムには大抵、こんな感じのメニュー画面があります

こういった「メニュー画面」以外にも、例えば商品を検索するための画面など、業務システムにはいろいろな画面が用意されています。

このような、ユーザーとコンピュータが情報をやり取りする仕組みを、「ユーザーインターフェース」と言います。

本書で作る「請求書作成ツール」でも、図6-1-2のような画面、つまり「ユーザーインターフェース」を用意することになります。

図6-1-2 「請求書作成ツール」の完成図

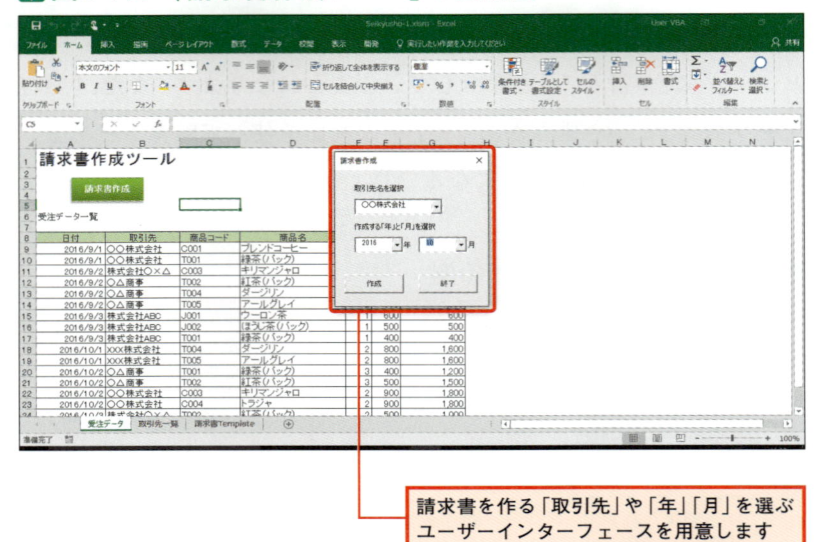

今回は、いわゆる「メニュー画面」は用意しません。ワークシート上のボタンをクリックすると、このユーザーインターフェースが表示されるようにします。今回作る「請求書作成ツール」のように機能が限定されている場合は、メニュー画面を用意しないこともあるのです。

次に、「ワークシート」についてです。

「請求書作成ツール」では、「請求書」の雛形になるワークシートをコピーして使います。つまり、ワークシートに関するVBAの命令を知る必要があるのです。

図6-1-3 「請求書作成ツール」で使うワークシート

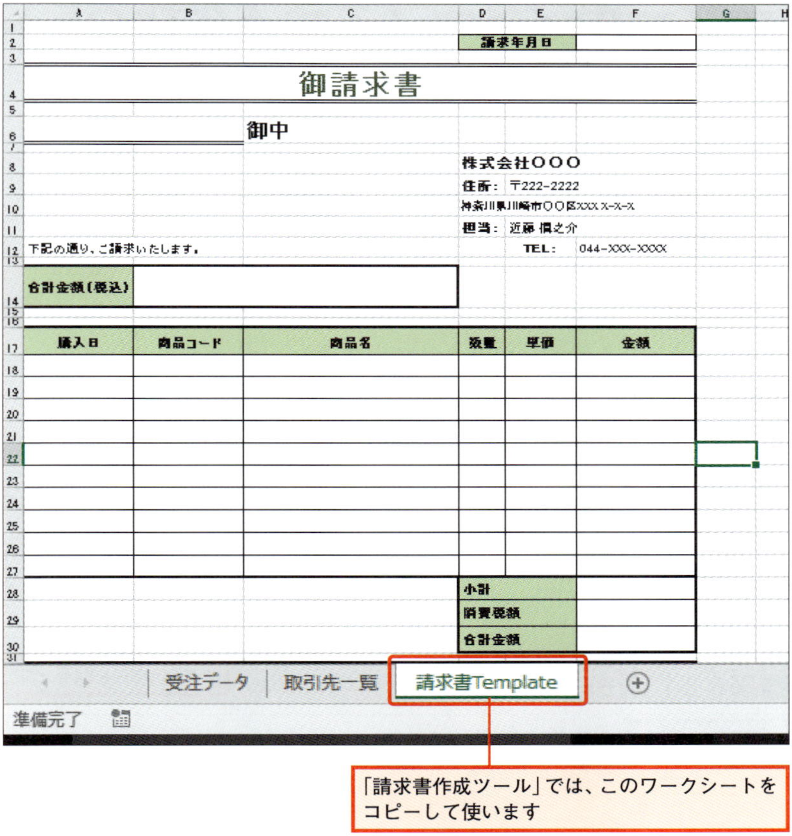

「請求書作成ツール」では、このワークシートをコピーして使います

そして、最後が「セルの表し方」です。

セルは、Rangeという命令で表すのだと先述しました。しかし、VBAにはセルを表す命令がもう1つあるのです。

それが、Cellsという命令です。

この命令、VBAのプログラムでは実によく使うので(もちろん、「請求書作成ツール」でも使います)、ここでしっかりと説明しておきたいと思います。

ユーザーインターフェースを作るには

ユーザーインターフェースを作るには
ユーザーフォームを使う

VBAでは、ユーザーインターフェースを作るために「ユーザーフォーム」という機能が用意されています。

実際に見たほうが早いので、1つ作ってみましょう。

Excelを起動してください。Excelを起動したら、新規にファイルを作成しVBEを開きます。VBEは、Alt キー＋ F11 キーで開きましたよね。

図6-2-1　VBEを開く

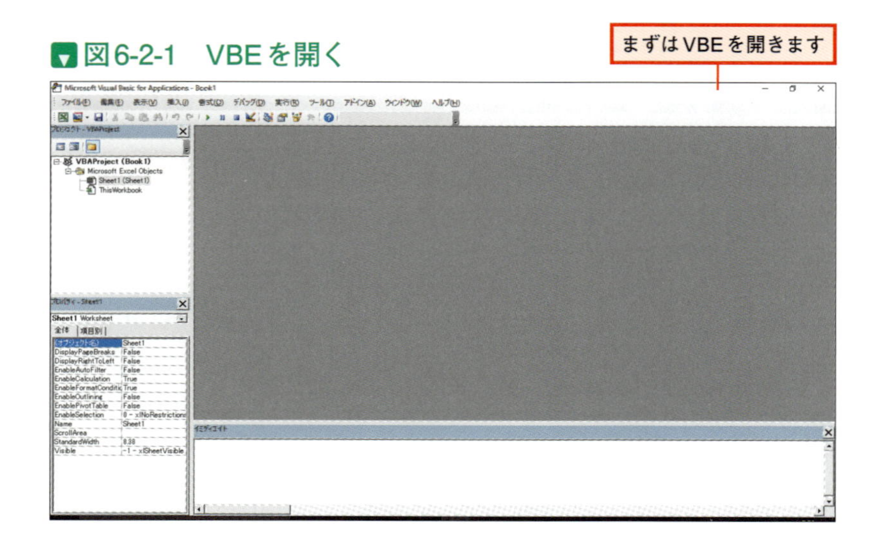

そしてユーザーフォームを追加します。

「挿入」メニューから、「ユーザーフォーム」を選択します。

図6-2-2　ユーザーフォームの挿入

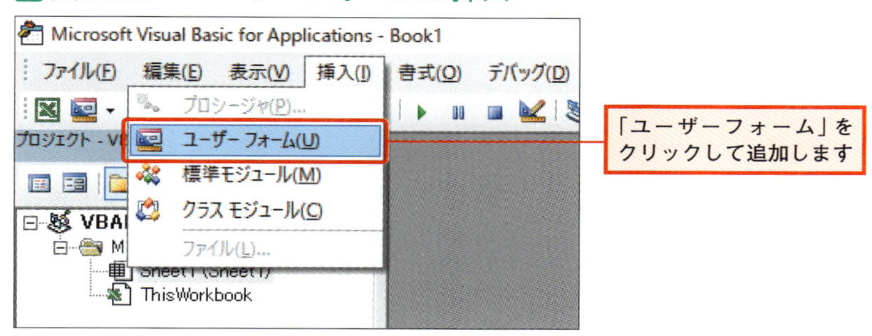

これで、新たなユーザーフォームができました。

図6-2-3　新しいユーザーフォーム

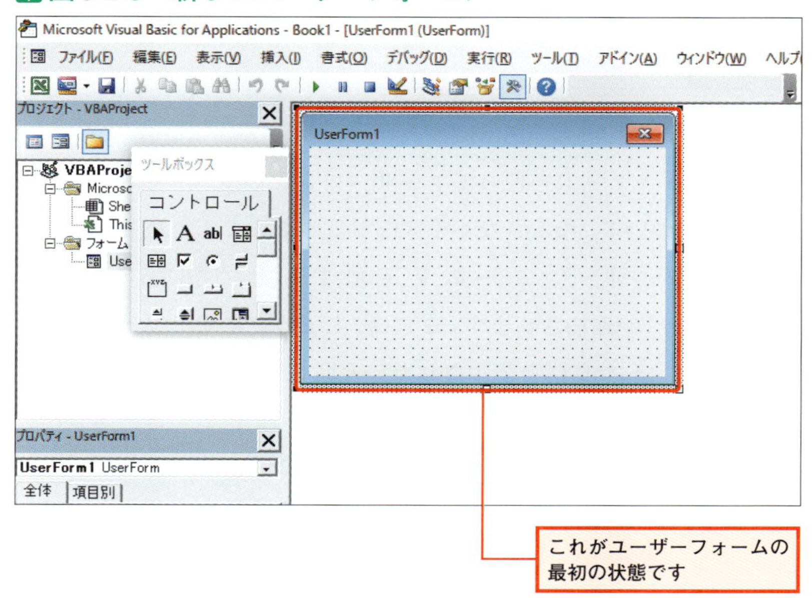

図6-2-3がユーザーフォームです。最初は「メニュー画面」のようなボタンも、データを入力するテキストボックスなどもありません。つまり何も無いわけですが、**これがユーザーインターフェースを作るための土台**になります。

そして、ユーザーインターフェースを作る時には、この土台となるユーザーフォームに、テキストボックスやボタンを置くことになります。

図6-2-4　ユーザーフォームに置かれたテキストボックスやボタン

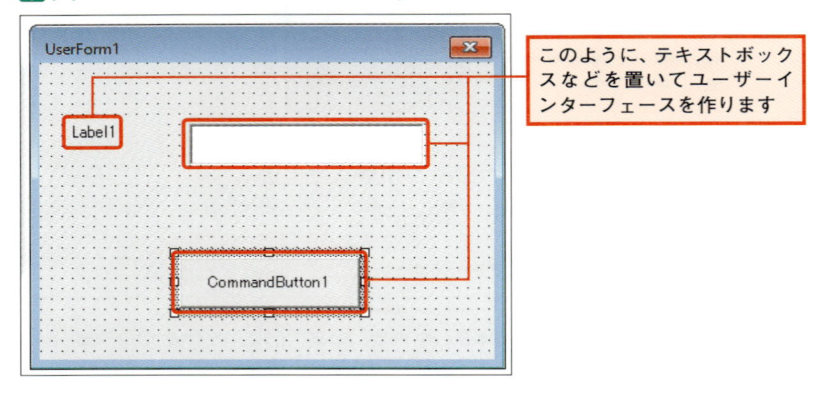

「ユーザーフォームを使ってユーザーインターフェースを作る」ということについて、なんとなくイメージはつかめましたか？

なお、ユーザーフォームを追加すると、図6-2-5のように「UserForm1」が追加されます。これは、ちょうど標準モジュールを追加した時に「Module1」と表示されたのと同じです。

そして、この「UserForm1」という名前も標準モジュール同様、「UserForm1」「UserForm2」のように自動的に付けられます。

図6-2-5 ユーザーフォームの名前

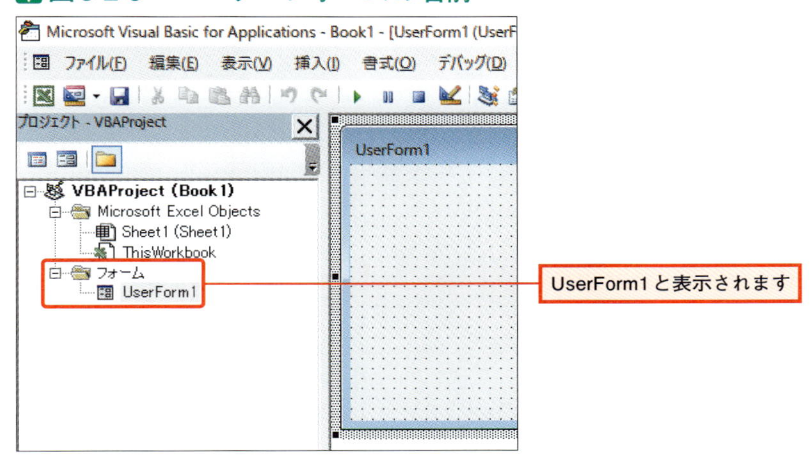

この「UserForm1」は、挿入したユーザーフォームの名前です。ユーザーフォームの名前は変更することができます（変更方法は、第7章で説明します）。

では、このユーザーフォームの大きさを変えたり、テキストボックスやボタンを実際に配置してみましょう。

ユーザーフォームの大きさを変える

ユーザーフォームの大きさを変えるには、図6-2-6のユーザーフォーム上の囲んだ部分（白い□の部分）に、マウスを合わせてドラッグします。

図6-2-6　ユーザーフォームの大きさの変更

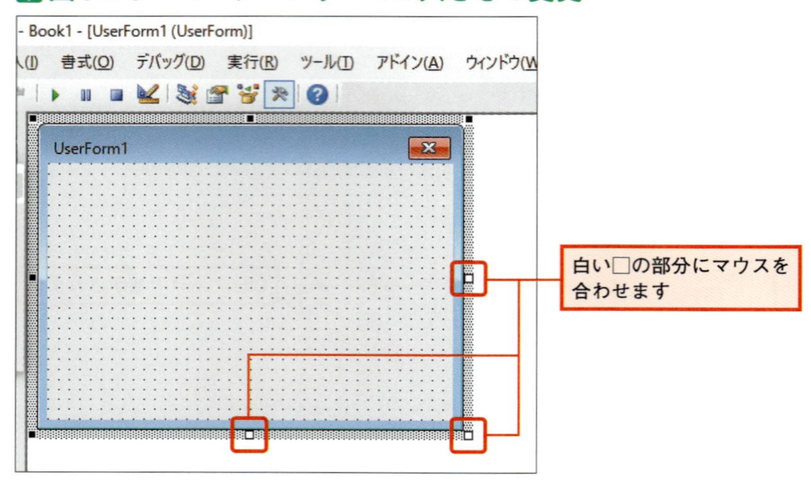

この時、マウスカーソルが図6-2-7のようになっているか注意してください。

図6-2-7　マウスカーソルに注意

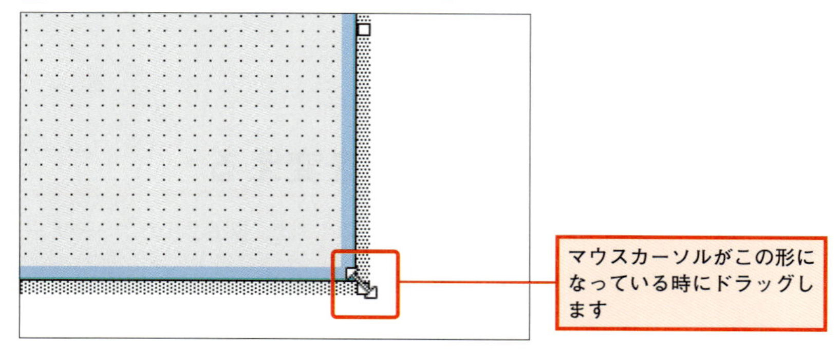

実際に大きさを変えてみたりして、感覚をつかんでおいてくださいね。

さて、次はこのユーザーフォームの上に、テキストボックスやボタンを置いてみましょう。ちなみに、テキストボックスやボタンのことを、VBAでは総称して「コントロール」と呼びます。

コントロール

ユーザーフォーム上に置くテキストボックスやボタンのことを、総称して「コントロール」と言います。

ユーザーフォーム上にコントロールを置く

実際に、ユーザーフォームにコントロールを置きましょう。

コントロールを置くには、図6-2-8の「ツールボックス」を利用します。通常、ユーザーフォームを挿入すると自動的に表示されます。あるいは、ユーザーフォームをクリックして選択しても表示されます。

▼図6-2-8 ツールボックス

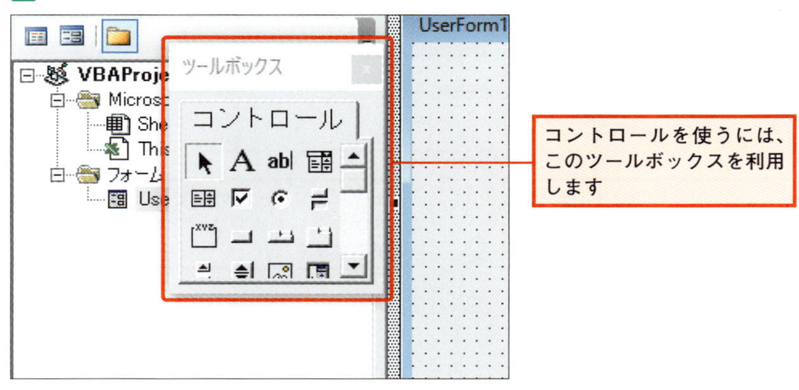

注意

ツールボックスが表示されなかったら？

「ツールボックス」が表示されなかったら、VBEの「表示」メニューから「ツールボックス」をクリックしてください。

まずはテキストボックスを置きましょう。テキストボックスは、文字を入力できるコントロールです。

テキストボックスを置く場所は、練習ですからどこでもOKですよ。

図6-2-9　テキストボックスを置く

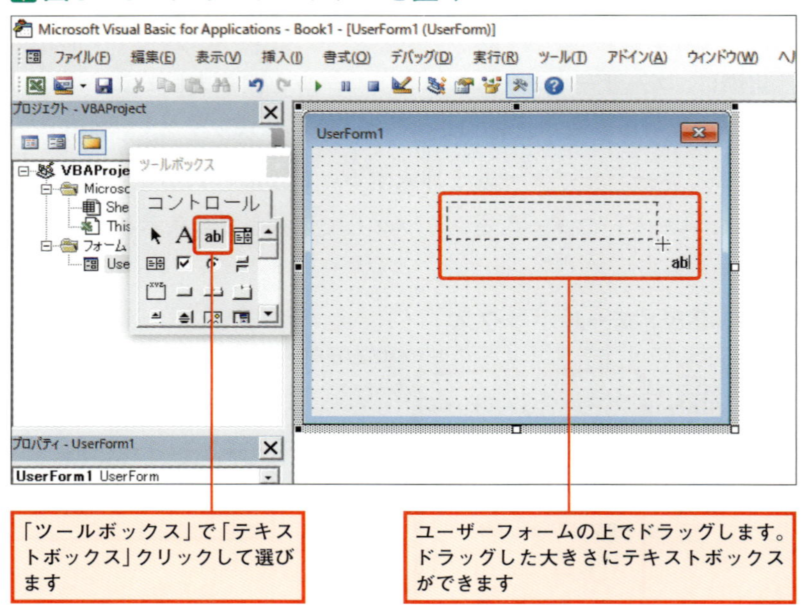

なお今回は、大きさなどはあまり気にしなくて結構です。

図6-2-10 テキストボックスの完成

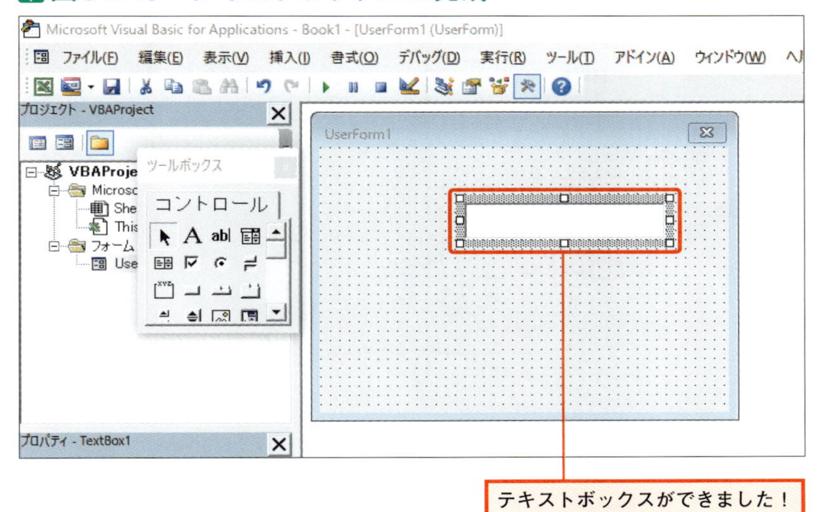

ユーザーフォームに置いたコントロールは、選択した状態で Delete キーを押せば削除することができます。作り直したければ、一旦削除してから、再度テキストボックスを置いてください。

コントロールの大きさを変えるには？

ここが疑問！

コントロールは、大きさを変えたいコントロールをクリックして選び、ユーザーフォームの大きさを変えた時と同じように、白い□の部分をマウスでドラッグすれば大きさを変えられます。

同じようにして、ラベルとボタン（VBAでは「コマンドボタン」と言います）を置きましょう

ラベルとコマンドボタンは、それぞれ「ツールボックス」の次のボタンになります。

図6-2-11　ラベルとコマンドボタン

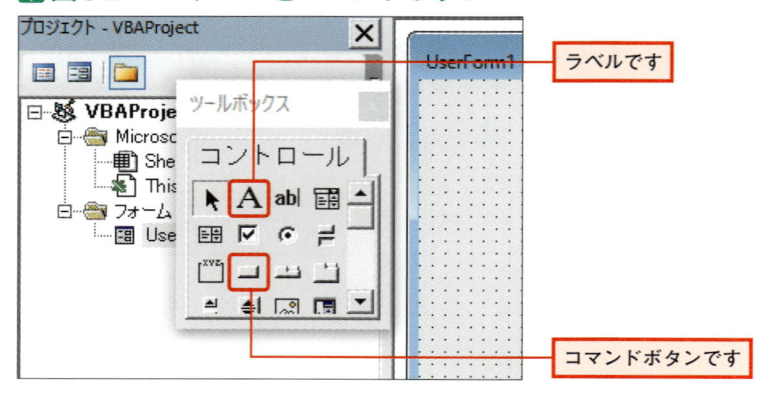

作る場所はどこでも構いませんが、とりあえず図6-2-12を参考にしてみてください。

図6-2-12　ラベルとコマンドボタンの追加

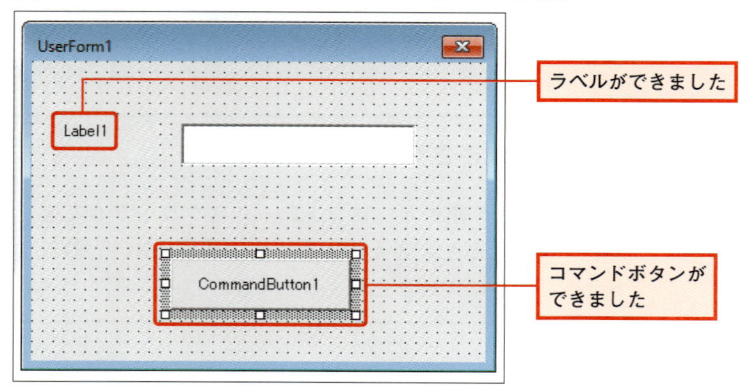

もし、コントロールの位置を変えたいなら、コントロールをクリックして選択した後、ドラッグすれば位置の変更ができます。これも試してみてくださいね。

なお、作ったラベルには「Label1」と、コマンドボタンには「Command Button1」と、自動で文字が設定されていますが、ここではこのままで結構です（この文字の変更方法については、第7章で説明します）。

以上、ユーザーフォームにコントロールを置く際の基本については、これで終わりです。画面上に置いていくだけですので、割と楽にできたのではないでしょうか？ ここで一旦、このファイルを「6Sho」フォルダに、「6章練習」という名前で保存しましょう。保存する時には、「マクロ有効ブック」を選ぶことを忘れないでくださいね。

ところで、よく使うコントロールには、今ユーザーフォームに置いたテキストボックスやラベル、コマンドボタン以外にも、次の3つがあります。

- **コンボボックス**
- **オプションボタン**
- **チェックボックス**

これらについても、簡単に説明しておきましょう。

「コンボボックス」とは

コンボボックスは、テキストボックスに図6-2-13のようなリストが付いたものを言います。

図6-2-13　コンボボックスの例

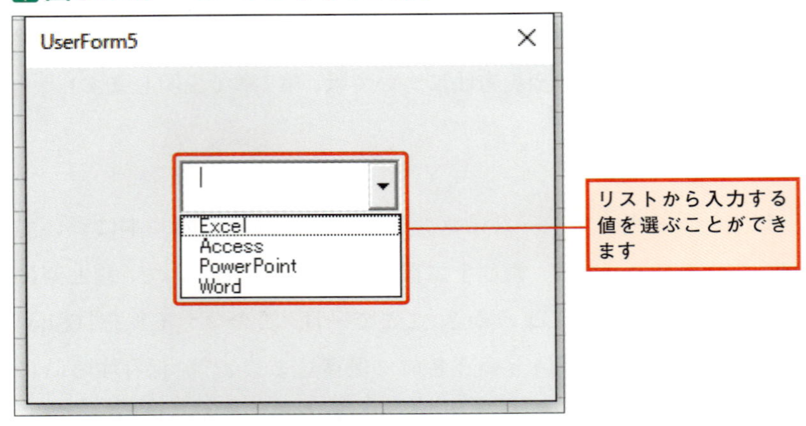

テキストボックスのように、ユーザーに自由に文字や値を入力させるのではなく、いくつかある選択肢からユーザーに入力する値を選ばせる時に利用します（本書で作る「請求書作成ツール」でも利用します）。

「オプションボタン」「チェックボックス」とは

オプションボタンとチェックボックスはとても似ているので、セットで説明します。**オプションボタンは、いくつかある選択肢から1つだけ選ばせるためのもの**です。例えば、アンケートで「次の中から好きな食べ物を1つだけ選んでください」といった時に使います。

それに対して**チェックボックスは、選択肢からいくつでも選ぶことができる**場合に使います。「次の中から好きな食べ物をすべて選んでください」といった具合です。

図6-2-14 オプションボタンとチェックボックスの例

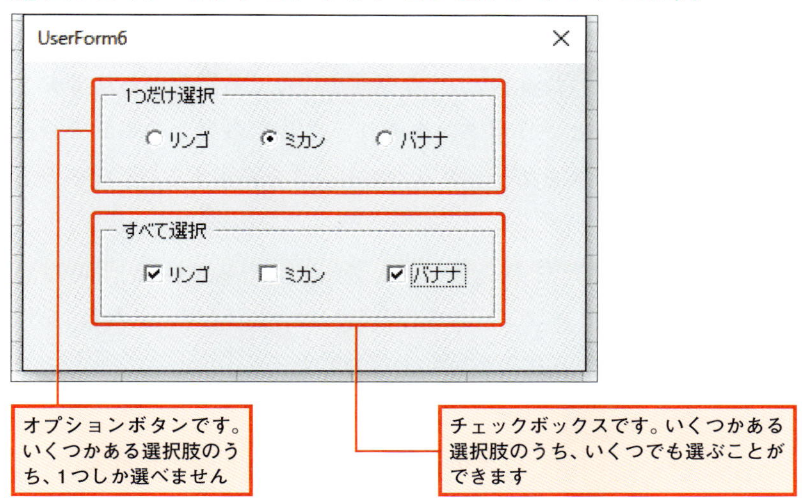

オプションボタンです。いくつかある選択肢のうち、1つしか選べません

チェックボックスです。いくつかある選択肢のうち、いくつでも選ぶことができます

以上、主なコントロールについて説明してみました。おそらく、「いっぺんに覚えるのはちょっと･･･」という方もいるでしょう。でも、ひとまず「こんなものがあるんだ」くらいに理解しておけば十分ですから、安心してください。

これで、ひとまずユーザーインターフェースの「見た目」の部分はできました。

次は、ユーザーフォームに機能を追加して、ユーザーインターフェースを完成させます。

ですから、先ほど保存した「6章練習.xlsm」ファイルは、そのまま開いておいてください。

ユーザーインターフェースの機能とは

ユーザーインターフェースには、「コマンドボタンをクリックした時に何か処理が行われる」のような機能を持たせる必要があります。

例えば、「集計」というボタンをクリックしたら売上の集計を行うとか、「終了」ボタンをクリックしたらExcelを終了する、といったものです。

こういった処理を、「ユーザーインターフェースの機能」と呼びます。ユーザーインターフェースを作る時には、先ほどの「見た目」を作る作業と、機能を作る作業が発生するのです。

ここでは、先ほど作った「6章練習.xlsm」ファイルを使って、ユーザーインターフェースの機能を作ってみましょう。

ユーザーインターフェースの機能を作るには

もちろん、**ユーザーインターフェースの機能はVBAを使ってプログラムを作ることになります。**ですから、皆さんが行うことは「じゃんけんゲーム」を作った時と同じように、コードを入力してプログラムを作るという作業です。

ただ、今回はユーザーインターフェースを作るために、ユーザーフォームを使っています。その分、ちょっとやり方が違いますから、簡単な例で説明していきますね。

メッセージボックスを表示する機能を作る

では、「6章練習.xlsm」ファイルを開いてください。ファイルが無い人は、サンプル「6Sho」フォルダにある「6Sho練習-1.xlsm」ファイルを開いてくださいね。

ここでは、「6章練習.xlsm」のユーザーフォームにプログラムを書くことで、ユーザーインターフェースの機能を作ります。

まずはVBEを開き、図6-2-15のようになっていることを確認してください。今回は、コマンドボタンをクリックした時に「こんにちは！」とメッセージボックスを表示するようにします。

図6-2-15　メッセージボックスを表示するプログラムを作る

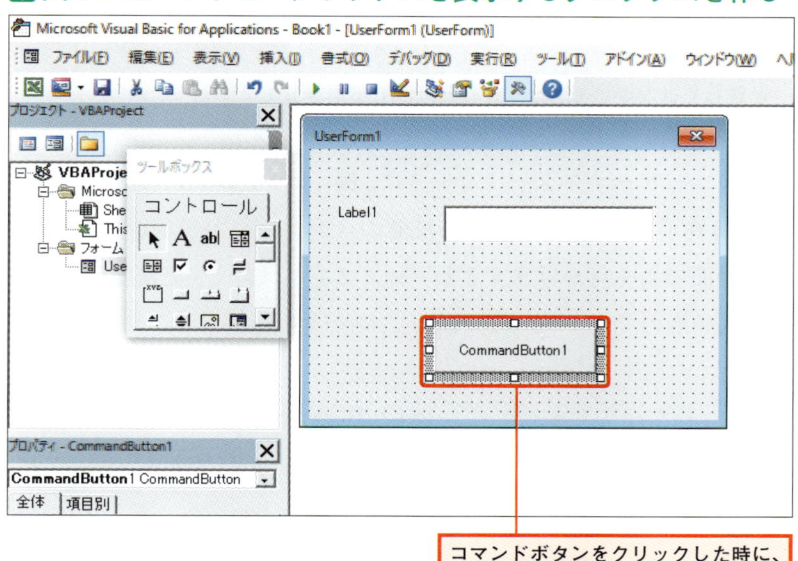

なお、ユーザーフォームが表示されていなかった場合は、VBEの画面の左側にある「UserForm1」をダブルクリックしてください。

図6-2-16　実行結果

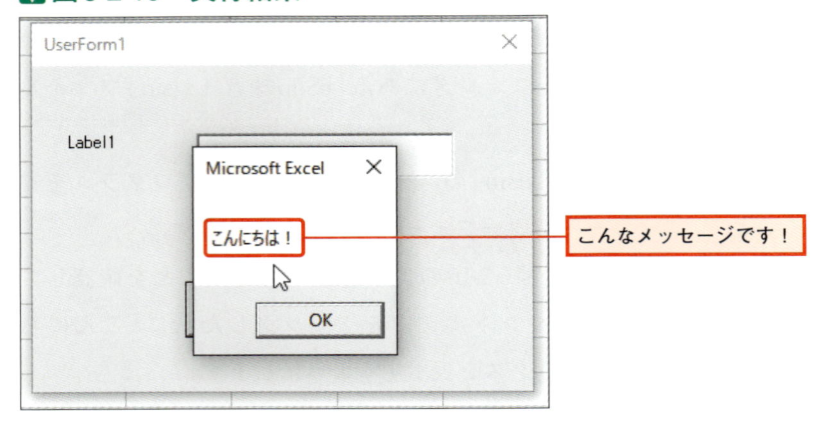

> コマンドボタンをクリックした時に何か処理を行うのは、ユーザーインターフェースの機能の中でも1番多く利用されます。慣れてしまえばさほど難しくはないので、しっかりと理解しておきましょう。

このユーザーインターフェースは、例えば「システムを終わらせる時に、『終了しますか？』という確認のメッセージが表示される」みたいな場面でよく見かけますよね。シンプルとは言え、実務では使用頻度の高いものです。

では、作業に入りましょう。図6-2-15のコマンドボタンをダブルクリックしてください。画面が図6-2-17のように変わります。ちょうど、標準モジュールを追加した時と同じ画面ですよね。ユーザーフォームの場合も、コードを入力するのはこの画面になります。

この時、**今回は画面が変わるだけではなく、自動的にコードが入力されている点に注意してください。**ここが、標準モジュールとは異なる点です

図6-2-17 コマンドボタンをダブルクリックして表示される画面

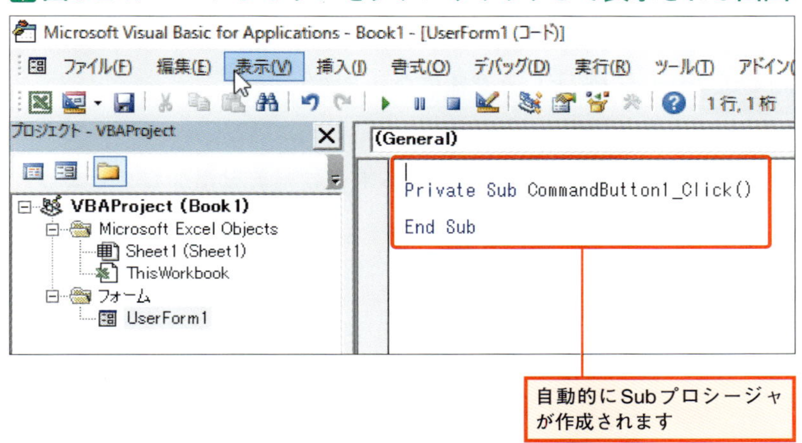

まずは、自動的に入力されたコードを見てみましょう。

自動入力されたコード

```
Private Sub CommandButton1_Click()


End Sub
```

先頭に「Private」とありますが、その後「Sub」があって、最後が「End Sub」ですから、ちょっと違和感ありますよね。でも、Subプロシージャということはわかります。この「Private」については第9章で説明するので、ここでは気にしないでください。

Subの後に「CommandButton1_Click」とありますが、この中の「_Click」に注目です。これで、「クリックした時に動くプロシージャだ」という意味になるのです。

そして、「CommandButton1_Click」ですから、「CommandButton1」（先ほどユーザーフォームに置いたボタンです）をクリックした時に動くプロシージャ、という意味になります。

では、メッセージボックスを表示するコードを追加しましょう。次のコードを入力してください。

入力するコード

```
Private Sub CommandButton1_Click()
    MsgBox "こんにちは！"
End Sub
```

これで、今回のプログラムは完成です。ひとまず動作を確認しましょう、と行きたいところですが、その前に1つ説明しておくことがあります。

ユーザーフォームのコードはどこに保存されているの？

ユーザーフォームに書くコードは、ユーザーフォームの中に保存されます。ちょっとわかりにくいですが、ユーザーフォームはコマンドボタンなどが置かれている見た目の部分と、機能を作るためのプログラムを書く中の部分があるのです。

ユーザーフォームに入力したプログラムの実行について

皆さんが作っているのは「ユーザーインターフェース」ですよね。そのために、VBAではユーザーフォームを使うんでしたよね。

ということは、まず行わなくてはならないのが、作ったユーザーフォームをユーザーインターフェースとして使えるようにすることです。

先ほど作ったメッセージボックスを表示するプログラムも、ユーザーフォーム上のコマンドボタンをクリックした時に動くわけですから、まずは**ユーザーフォームをユーザーインターフェースとして使える状態にしなくてはなりません。**

そのためのキーが、F5キーになります。標準モジュールにプログラムを入力した時は、入力したプログラムを実行するためのキーがF5キーでしたよね。ユーザーフォームの場合は、このキーが「ユーザーフォームをユーザーインターフェースとして使える状態にする」ためのキーになります。

ですから、標準モジュールの時のように、先ほど入力したプログラムのSubからEnd Subの間にカーソルを置いてF5キーを押しても、メッセージボックスは表示されません。代わりに、ユーザーフォームがユーザーインターフェースとして使える状態になって画面に表示されます。

そして、VBAの世界では「ユーザーフォームをユーザーインターフェースとして使える状態にする」ことを、「ユーザーフォームを表示する」と言います。ちょっと違和感あると思いますが、VBAの世界では普通に使うので慣れるようにしてください。

では、実際にやってみましょう。

F5 キーを押してください。図6-2-18のようになりましたか？

図6-2-18　ユーザーフォームが表示される

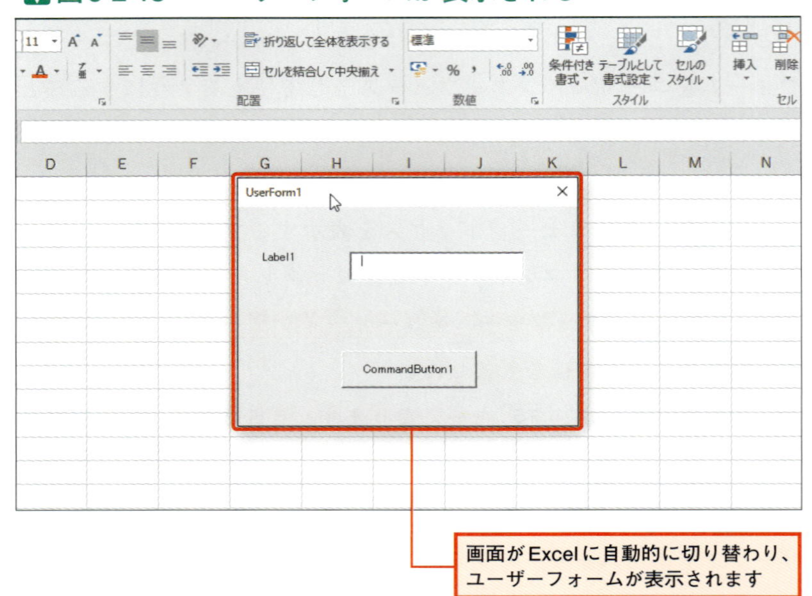

このExcelを背景にユーザーフォームが表示された状態が、「ユーザーインターフェースとして使える」状態です。

ところで、最初にユーザーフォームを開いた時の画面は、VBEの画面でしたよね。その画面は、ユーザーインターフェースを作るための画面です。しっかりと区別してください。

さて、今回作ったプログラムは、コマンドボタンをクリックした時に動くんでしたよね。早速、コマンドボタンをクリックしてみましょう。

図6-2-19 メッセージボックスの表示

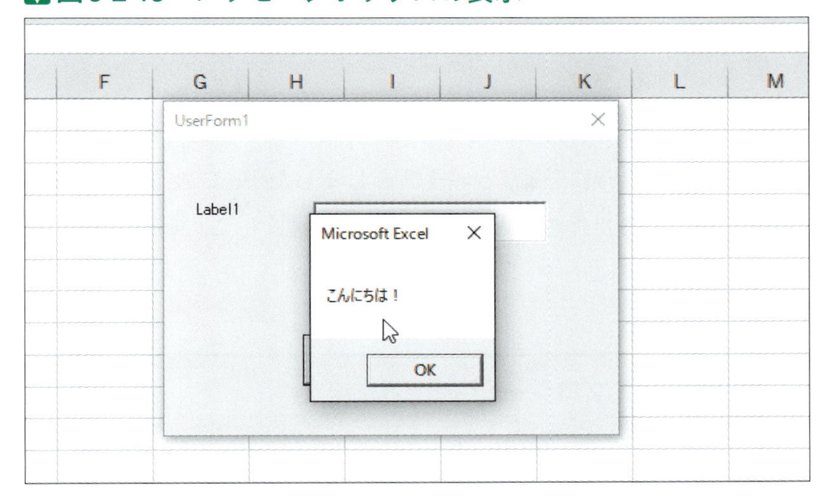

コマンドボタンクリックすると、
メッセージボックスが表示されました

うまく動作しましたか？ 問題無ければ、ユーザーフォームの右上の「×」ボタンをクリックして、ユーザーフォームを閉じましょう。

これで、とても簡単ではありますが、ユーザーフォームを使ったユーザーインターフェースができました。

なお、このファイルを使うのはここまでですので、上書き保存をして閉じてください。

VBAで、ユーザーフォームを使ってユーザーインターフェースを作る時は、次のような流れになります。

- まずは、テキストボックスやコマンドボタンを置いて見た目を作る
- その後、プログラムを書いて機能を作る

この流れは、もっと複雑なユーザーインターフェースを作る時も基本的には同じですから、ここできちんと理解しておいてくださいね。

ところで、先ほど自動で入力されたプロシージャの説明をした際に、「クリックされた時に動く」という話をしましたが、この「○○された(した)」に当たる操作のことを「イベント」と言い、この時に実行されるプロシージャのことを、「イベントプロシージャ」と言います。

用語解説

イベントプロシージャ

「ボタンをクリックした時」など、○○された(または「した」)時に動くプロシージャのことです。また、コンピュータの世界では「○○された(または「した」)という操作のことを、「イベント」と言います。

この「イベントプロシージャ」という言葉、VBAではよく出てきますから、しっかりと覚えておいてくださいね。

以上、これでユーザーフォームの基礎についての説明は終わりです。

ワークシート操作の基本と、あらためてセルについて

まずはワークシートを表す命令から

先ほど、「請求書作成ツール」では雛形になるワークシートをコピーして使う、という説明をしました。ですので、コピーする命令を覚えていただくことになるのですが、その前に、セルの時と同じように、「そもそもワークシートをVBAではどのように表すのか」という話から始めたいと思います。

ワークシートを表す命令は、Worksheetsです。Worksheetsを使って、「Sheet1」などの具体的なワークシートを表すための構文は、次のようになります。

Worksheetsの構文

```
Worksheets("シート名")
Worksheets(インデックス番号)
```

Worksheetsに続けて、カッコ内に「"(ダブルクォーテーション)」でワークシート名を囲むか、カッコ内にインデックス番号(ワークシートを左端から数えた番号)を指定します。

このように、Worksheetsは2種類の表し方があります。

具体例を見たほうがわかりやすいので、図6-3-1のファイルで考えてみましょう。

図6-3-1　複数のワークシートがあるファイル

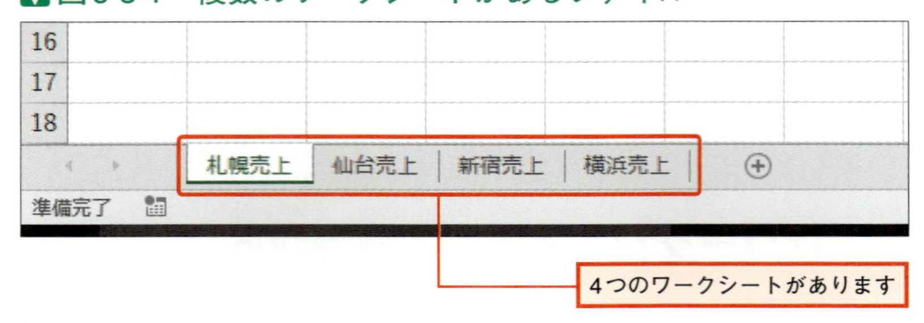

このファイルで、「仙台売上」ワークシートを2つの構文それぞれの方法で表してみます。

「仙台売上」ワークシートの表し方

```
Worksheets("仙台売上")

Worksheets(2)
```

1つ目の構文のポイントは、対象のワークシート名を、Worksheetsの後のカッコの中で「"（ダブルクォーテーション）」で囲んで指定する点です。これで、「仙台売上」ワークシートという意味になります。

2つ目の方は、構文にあった「インデックス番号」に、ワークシートを左から数えた時の番号を指定します。

図6-3-2　ワークシートのインデックス番号

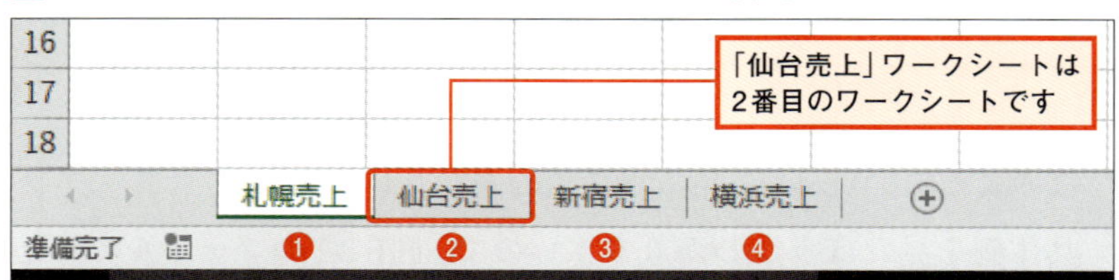

「仙台売上」ワークシートは2番目のワークシートですから、カッコ内に「2」と書けばいいのです。

ところでこの2つの構文なんですが、1つ目の構文（ワークシート名を指定する）の場合、もしワークシート名が変わってしまったら困りますよね。

また、2つ目の構文（インデックス番号を指定する）の場合、ワークシートの順序が変わってしまったら、これも困ります。

どちらの可能性もあるわけですが、皆さんが作るプログラムではどちらの可能性が低いかを考えて、構文を使い分けるようにしましょう。

これでひとまず、VBAでワークシートを表す方法がわかったかと思います。

次は、この方法を使ったコードを見てみましょう。

次のコードは、「仙台売上」ワークシートのセルA1に、「売上」と表示するためのものです。

▼「仙台売上」ワークシートのセルA1に「売上」と表示するコード

```
Worksheets("仙台売上").Range("A1").Value = "売上"
```

ここでのポイントは、「Worksheets("仙台売上")」と「Range("A1")」の間の「.（ピリオド）」です。VBAの命令をつなぐ時は、ピリオドを使うんでしたよね。ここでも同じです。

注意

ワークシートを指定しなかったら？

例えば、「Range("A1").Value = "売上"」のようにワークシートを指定しない場合、アクティブシートのセルA1に「売上」と表示されます。複数のワークシートを使う場合は注意しましょう。

ここまで理解できれば、ワークシートの表し方については大丈夫です。では、ワークシートをコピーする命令を見てみましょう。

ワークシートをコピーする命令

ワークシートをコピーするには、Copyという命令を使います。早速、構文を見てみましょう。

Copyの構文

```
元のワークシート.Copy　コピーする位置
```

「元のワークシート」に指定したワークシートを、「コピーする位置」にコピーします。コピーする位置は、「After:=」または「Before:=」に続けて、ワークシートを指定します。「After:=」の場合は指定したワークシートの右側に、「Before:=」の場合は左側に「元のワークシート」がコピーされます。

注意

「After:=」という書き方

ここでは「:（コロン）」と「=（イコール）」を組み合わせています。「:」だけでも「=」だけでもダメですので、しっかり覚えておいてください。

こちらもサンプルを見てみましょう。次のプログラムは、「仙台売上」ワークシートを「横浜売上」ワークシートの手前（左側）にコピーします。

このプログラムは、サンプル「6Sho」フォルダにある「6-1.xlsm」にありますから、実際にファイルを開いて試してみましょう。

ワークシートをコピーするサンプルプログラム

```
Sub CopySheet()
    Worksheets("仙台売上").Copy Before:=Worksheets("横浜売上")
End Sub
```

図6-3-3 実行結果

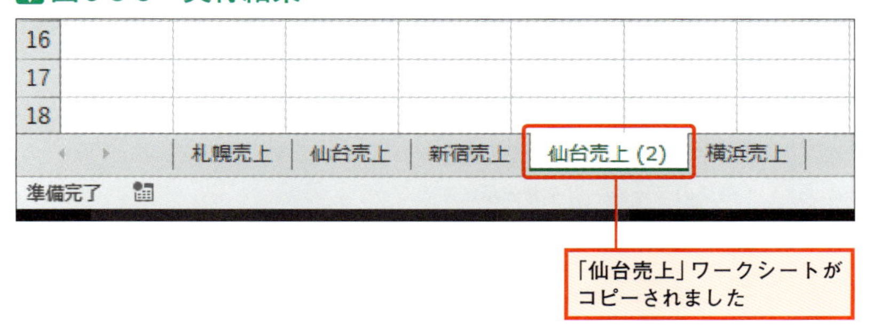

いかがですか？

これで、ワークシートのコピーについてはOKです。

さて、せっかくVBAでワークシートを操作するという話をしているので、あともう2つだけ、命令を紹介したいと思います。

まずは、ワークシートを削除するDeleteです。

ワークシートを削除する命令

ワークシートの削除も、VBAではよく行われます。ワークシートを削除するには、Deleteを使います。構文を見てみましょう。

Deleteの構文

```
対象のワークシート.Delete
```

「対象のワークシート」に指定したワークシートを削除します。

これもサンプルを見たほうが早いので、サンプル「6-2.xlsm」に保存されている次のプログラムを見てください。

ワークシートを削除するプログラム

```
Sub DeleteWorksheet()
    '確認のメッセージを非表示にする
    Application.DisplayAlerts = False
    'ワークシートを削除する
    Worksheets("札幌売上").Delete
    '確認のメッセージが表示されるようにする
    Application.DisplayAlerts = True
End Sub
```

図6-3-4 実行前と実行後

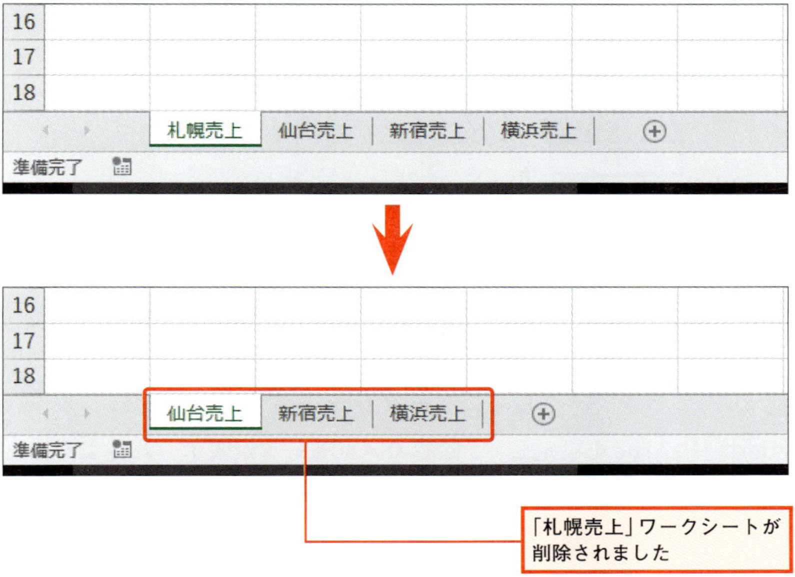

16							
17							
18							

札幌売上 仙台売上 新宿売上 横浜売上

準備完了

16							
17							
18							

仙台売上 新宿売上 横浜売上

準備完了

「札幌売上」ワークシートが削除されました

これが、ワークシートを削除するDeleteの使い方です。

ただ、このサンプル、ワークシートを削除するDeleteだけではありませんよね。

ここで、使っている「DisplayAlerts」という命令は、図6-3-5のようなワークシートを削除するときに表示されるメッセージを表示しないための命令です。

せっかく、VBAで処理を自動化しているのに、ワークシートを削除する処理の時には「削除」をクリックしなくてはならない、なんて手間ですからね。

図6-3-5　確認のメッセージ

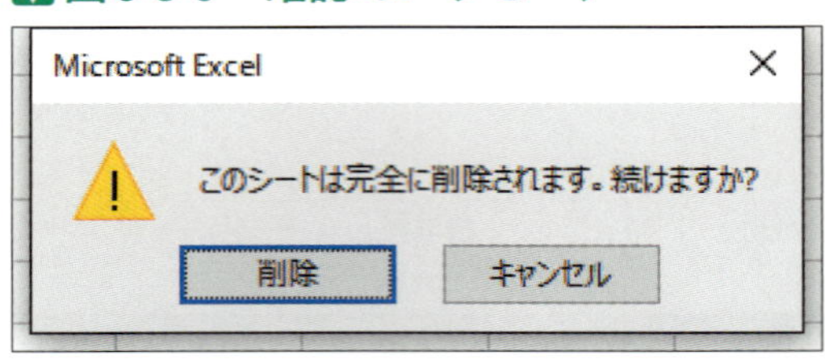

ワークシートを削除する時には、通常確認のメッセージが表示されます

まず、「Application.DisplayAlerts = False」で確認のメッセージを表示しないようにします。「DisplayAlerts」にFalseを設定することを覚えてください。そして、ワークシートを削除した後、「DisplayAlerts」にTrueを設定して、確認のメッセージが表示されるように戻しています。

なお、プログラムを作る時は、この確認のメッセージが表示されるように戻す処理を忘れないでください。そうしないと、今度はメッセージを表示して欲しいところで表示されない、ということが起きかねませんからね。

ここが疑問！

ワークシートを追加する命令は？

Addという命令になります。構文は「Workshees.Add 追加先」となります。この「追加先」の指定方法は、Copyと同じです。

例えば、「Worksheets.Add After:=Worksheets("Sheet1")」なら、「Sheet1」ワークシートの右側にワークシートを追加することになります。

これで、ワークシートの削除については終わりです。

ワークシートについては、もう1つ命令を紹介して終わりますから、あと少しだけお付き合いください。

今度は、ワークシートの数を数える「Count」です。

ワークシートの数を数える命令

次のプログラムを見てください。サンプル「6Sho」フォルダに「6-3.xlsm」というファイル名で保存されているので、実際にファイルを開いてプログラムを確認してください。

このプログラムは、「横浜売上」ワークシートがファイルにあるかをチェックするものです。

ワークシートがあるかチェックするプログラム

```
Sub CheckSheet()
    Dim i As Long    '繰り返し処理用の変数
    'ワークシートの数だけ処理を繰り返す
    For i = 1 To Worksheets.Count
        'ワークシート名をチェックする
        If Worksheets(i).Name = "横浜売上" Then
            'メッセージボックスを表示する
            MsgBox "ありました!"
        End If
    Next
End Sub
```

プログラム内容についての説明は後でやりますから、まずは実際に実行してみましょう。

図6-3-6　実行結果

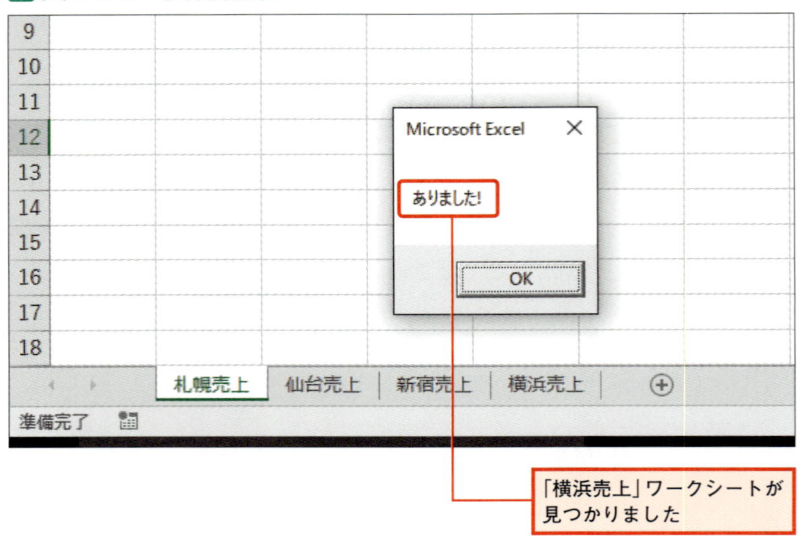

「横浜売上」ワークシートがあるので、「ありました！」とメッセージが表示されました。

では、プログラム内容について見ていきましょう。

最初の変数の宣言については、説明不要ですよね。

次の、For Nextを使った繰り返し処理を見てください。ここでは、「横浜売上」ワークシートがあるかチェックするために、すべてのワークシートの名前をチェックします。そこで繰り返し処理の出番となります。

そして、ここで登場するのが「Worksheets.Count」です。Countという命令は、ワークシートの数を数えてくれる命令です。ですから、「For i = 1 To Worksheets.Count」で、「ワークシートの数だけ処理を繰り返す」という意味になります。

では、図6-3-7でどのような処理になるのか確認してください。

図6-3-7　ワークシートの数だけ繰り返す処理

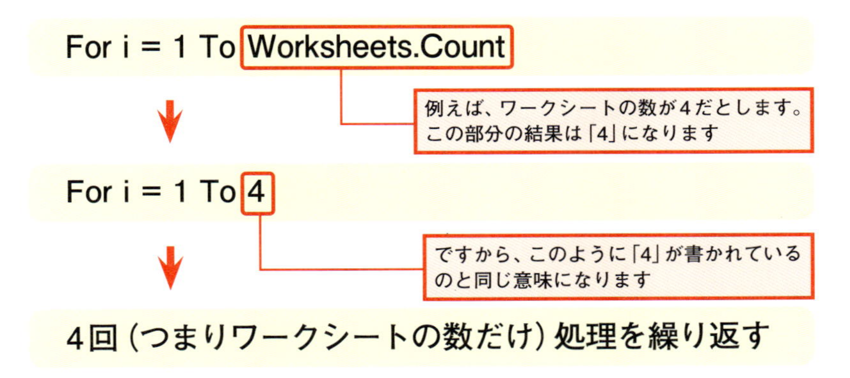

次に、ワークシート名のチェックです。

コードは、次のようになっています。

ワークシート名をチェックするコード

```
If Worksheets(i).Name = "横浜売上" Then
```

まず、ワークシート名はNameで表されます。そして、この中の「Worksheets(i)」がポイントです。カッコの中に変数iが使われています。この変数iはFor Nextを使っているので、1から始まって、2、3、4，・・・と処理を繰り返す度に値が増えていきます。

つまりこのコードは、「1番目のワークシートから順番に、ワークシートの名前が「横浜売上」かチェックしている」ということになります。

以上、ワークシートについてはこれで終わりです。

次は「セルについて」です。

あらためてセルについて

セルを表す命令はRangeでしたよね。しかし、VBAにはもう1つCellsという命令があり、とてもよく利用されます。

まずは、Cellsの構文を見てください。

Cellsの構文

```
Cells(行番号, 列番号)
```

Cellsはセルを表します。行番号と列番号を指定して、1つのセルを表します。なお、セル範囲は表せません。

例えば、セルA1は「Cells(1,1)」となります。

次の図6-3-8を見てください。

図6-3-8 Cellsを使ったセルの表し方

	A	B	C	D	
1	Excel	Access	Word	PowerPoint	
2					
3					
4					

セルA1は「1行目、1列目」なので、Cells(1,1)と表せます

ですから、例えばセルC2だとC列は3列目ですから、次のようになります。

セルC2を表すコード

```
Cells(2, 3)
```

いかがですか？　それほど難しくはありませんよね。

ここで、Cellsの場合は対象のセルを番号（行番号と列番号）で指定できる点に注目してください。

そのことを頭において、次のプログラムを見てみましょう。なお、このサンプルは「6Sho」フォルダの「6-4.xlms」ファイルに保存してあるので、できればプログラムを実行して試してみてくださいね。

1行目の値をA列から順番に表示するサンプルプログラム

```
Sub CellsSample()
    Dim i As Long
    For i = 1 To 4
        MsgBox Cells(1, i).Value
    Next
End Sub
```

図6-3-9　実行結果

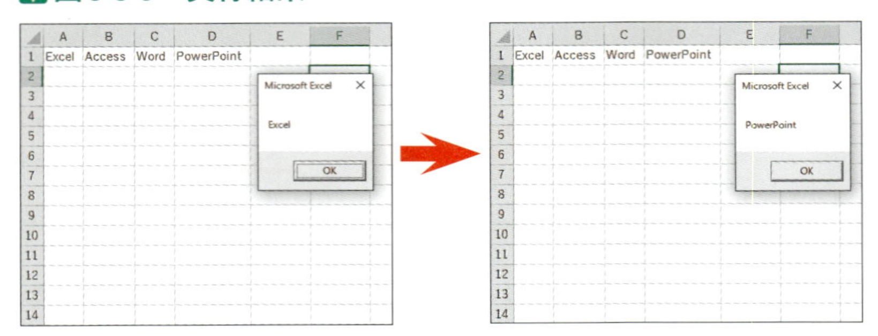

Cellsを使う場合、このように繰り返し処理と組み合わせることがよくあります。そして、特に列方向の処理がある場合、Rangeでは「A、B」などの列名を使うため無理です。

これが、Cellsがよく使われる理由になります。

以上、これで「請求書作成ツール」を作るために必要な命令についての説明は終わりです。

次はいよいよ、「請求書作成ツール」を作り始めます。

頑張っていきましょう！

まずは「請求書作成ツールのユーザーインターフェース」から

「請求書作成ツール」の概要

なぜ「請求書作成ツール」なのか

第3部では本書の締めくくりとして、これまで皆さんが「じゃんけんゲーム」を作りながら身につけた知識を総動員し、さらに新しい知識も加えて、「請求書作成ツール」という業務用のプログラムを作りたいと思います。

「じゃんけんゲーム」というプログラムを完成させた皆さんは、本書の目的の8割くらいの所までは来ているといっていいでしょう。

では、「残りの2割」とは何なのか？

VBAを使うそもそもの目的は、「業務に役立てること」「業務の効率を上げること」ですよね。完全に趣味として使う人もいるかもしれませんが、大半はこれだと思います。

「じゃんけんゲーム」も、たしかにちゃんとした1つのプログラムではありましたが、業務で使うものとはちょっと違います。

そして、業務で使うプログラムを作るとなると、新たに学んでいただきたいことがあるのです。

それは、次の2つです。

(1) 業務用のプログラムでよく使われる命令

(2) これまで身につけた命令を組み合わせて活用する方法

これらを身につけていただくために、第3部では「請求書作成ツール」という、いかにも業務用なプログラムを作っていただくわけですね。

それでは、まずはこれから作る「請求書作成ツール」の概要について説明していきましょう。

「請求書作成ツール」の概要

最初にゴールを見ておきます。

図7-1-1が、今回作る「請求書作成ツール」の完成形となります。

図7-1-1 「請求書作成ツール」の完成形

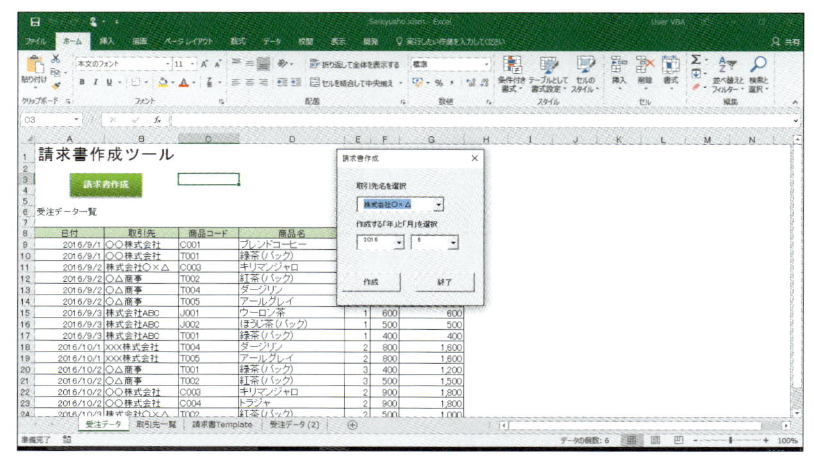

こんな感じの「請求書作成ツール」を作ります。
もちろん、ユーザーインターフェースもあります

当たり前のことですが、「請求書作成ツール」にはユーザーフォームで作ったユーザーインターフェースがあります。『「取引先」と対象の「年」「月」を選び、「作成」ボタンをクリックすると請求書ができる』という機能を持った、ユーザーインターフェースです。

図7-1-2　できあがった請求書

	A	B	C	D	E	F	G	H
1								
2				請求年月日		平成28年7月20日		
3								
4			御請求書					
5								
6	○○株式会社		御中					
7								
8				株式会社○○○				
9				住所：	〒222-2222			
10				神奈川県川崎市○○区XXX X-X-X				
11				担当：	近藤 慎之介			
12	下記の通り、ご請求いたします。				TEL：	044-XXX-XXXX		
13								
14	合計金額（税込）							
15								
16								
17	購入日	商品コード	商品名	数量	単価	金額		
18	2016/9/1	C001	ブレンドコーヒー	5	700	3,500		
19	2016/9/1	T001	緑茶（パック）	5	400	2,000		
20	2016/10/2	C003	キリマンジャロ	2	900	1,800		
21	2016/10/2	C004	トラジャ	2	900	1,800		
22								
23								
24								
25								
26								
27								
28				小計		9,100		
29				消費税額		728		
30				合計金額		9,828		
31								

このような請求書ができあがります

なお、請求書の元となるデータは「受注データ一覧」になります。

つまり、「受注データ一覧」からユーザーインターフェースで指定した「取引先」、「年」「月」のデータを探して、請求書に表示する。そんな処理が行われることになるわけですね。

図7-1-3　元のデータ

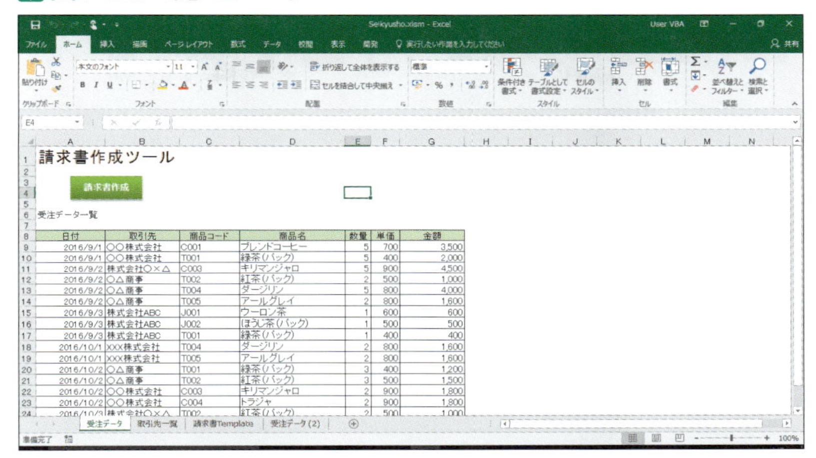

日付	取引先	商品コード	商品名	数量	単価	金額
2016/9/1	○○株式会社	C001	ブレンドコーヒー	5	700	3,500
2016/9/1	○○株式会社	T001	緑茶(パック)	5	400	2,000
2016/9/2	株式会社○×△	C003	キリマンジャロ	5	900	4,500
2016/9/2	○△商事	T002	紅茶(パック)	2	500	1,000
2016/9/2	○△商事	T004	ダージリン	5	800	4,000
2016/9/2	○△商事	T005	アールグレイ	2	800	1,600
2016/9/3	株式会社ABC	J001	ウーロン茶	1	600	600
2016/9/3	株式会社ABC	J002	ほうじ茶(パック)	1	500	500
2016/9/3	株式会社ABC	T001	緑茶(パック)	1	400	400
2016/10/1	XXX株式会社	T004	ダージリン	2	800	1,600
2016/10/1	XXX株式会社	T005	アールグレイ	2	800	1,600
2016/10/2	○△商事	T001	緑茶(パック)	3	400	1,200
2016/10/2	○△商事	T002	紅茶(パック)	3	500	1,500
2016/10/2	○○株式会社	C003	キリマンジャロ	2	900	1,800
2016/10/2	○○株式会社	C004	トラジャ	2	900	1,800
2016/10/3	株式会社○×△	T002	紅茶(パック)	2	500	1,000

ここから、対象のデータを探して請求書に表示します

だいたいの概要はわかりましたか？

これまで作った「じゃんけんゲーム」に比べると、ちょっと複雑ですよね。

業務用のプログラムを本格的に作ろうと思ったら、かなり込み入った複雑な処理を行わせる必要が出てきます。

だから、「請求書作成ツール」を作っていくことでその基礎を、ぜひともマスターしてくださいね。

まずは「請求書作成ツールのユーザーインターフェース」から

請求書作成ツールのユーザーインターフェースを作る

どんなユーザーインターフェースにするのか

図7-1-1の完成例で見たように、「請求書作成ツール」にはユーザーインターフェースがあります。そして、今回作るユーザーインターフェースには、次の機能を持たせます

- 請求書を送ることになる「取引先」が入力できる
- 請求書を作る対象の「年」と「月」が入力できる
- 「作成」ボタンをクリックして「請求書」を作る
- 「終了」ボタンをクリックして「請求書」を作る作業を終わる

とりあえず、どんなユーザーインターフェースになるか具体的に考えてみましょう。図7-2-1のような感じですかね。

図7-2-1 「請求書作成ツール」のユーザーインターフェースの例

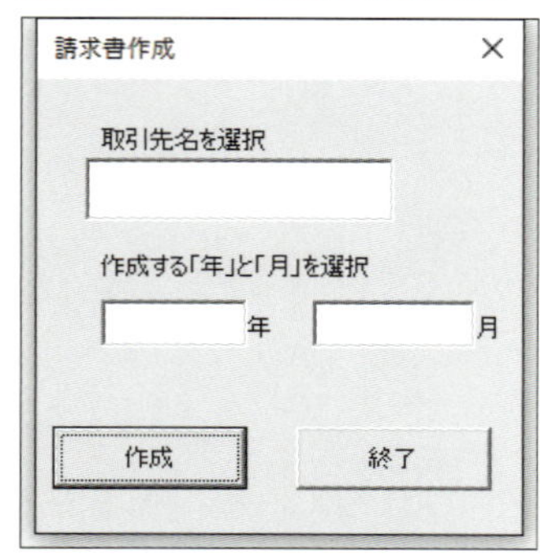

「取引先名」と「年」「月」を入力できるテキストボックスがあります。また、請求書を作るための「作成」ボタンと、作業を終わるための「終了」ボタンもあります。

複雑な作りにはなっていませんが、とりあえずは先ほど挙げた必要機能も満たしているので問題なさそうです！

・
・
・

本当にそうでしょうか？

業務用のプログラム、ならではの考え方

図7-2-1では、「取引先」「年」「月」を入力するためのテキストボックスを用意しました。テキストボックスはすでに説明したように、ユーザーが文字などを入力することができるコントロールです。

つまり、請求書を作る時には、ユーザーは全て手入力することになるわけですよね。

図7-2-2　テキストボックスを使ったユーザーインターフェース

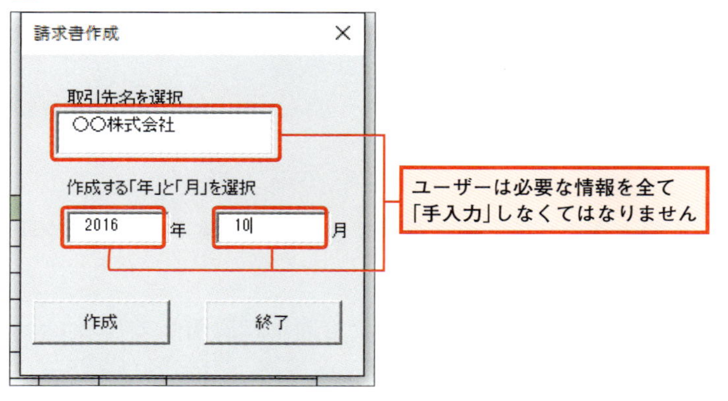

この仕様、実はあまりよくありません。

業務用のプログラムでは、ミス無く手早く操作できることが求められます。でも、取引先を手入力するとなると、「○○株式会社」なのに「○○（株）」と入力してしまうなど、入力ミスをしてしまうことが当然あり得ます。

「年」や「月」もそうです。「月」なんて1から12のどれかなので、間違いそうにありませんが、それでもなぜか「0」と入力してしまうなど、入力ミスは必ず発生します。

これでは、「使いやすいシステム」だとは言えないですよね。

では、どうすればいいのか。

それは、図7-2-3のように、リストから選べるようにすることです。

図7-2-3　入力項目をリストから選べるようにする

請求書作成
取引先名を選択
○○株式会社
株式会社○×△
○△商事
株式会社ABC
XXX株式会社
月
作成
終了

こうすれば、選び間違えはあるかもしれませんが、入力ミスはなくなります

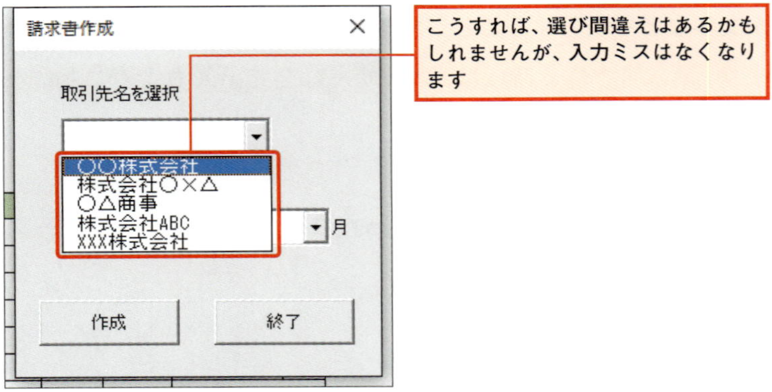

そして、このようなリストから選択できるようにするためのコントロールが、「コンボボックス」になります。

コンボボックスについては、第6章でも簡単に説明しましたよね。テキストボックスにリストがついたものが、コンボボックスです。

今回の「請求書作成ツール」は、このコンボボックスを使った方が、明らかに使いやすくなります。

このように、業務用ともなると入力用のユーザーインターフェース1つとっても、気を回した方がいい問題が増えてきます。「問題なく動けば、それでいい！」という考え方では、足りないのです。

そんなことを考慮しつつ、実際に「請求書作成ツール」のユーザーインターフェースを作っていきましょう。

「請求書作成ツール」のユーザーインターフェースを作る

サンプル「7Sho」フォルダには、「Seikyusho-1.xlsm」ファイルが保存されています。このファイルを開いてください。

図7-2-4　Seikyusho-1.xlsmファイル

請求書作成ツール

請求書作成

受注データ一覧

日付	取引先	商品コード	商品名	数量	単価	金額
2016/9/1	○○株式会社	C001	ブレンドコーヒー	5	700	3,500
2016/9/1	○○株式会社	T001	緑茶(パック)	5	400	2,000
2016/9/2	株式会社○×△	C003	キリマンジャロ	5	900	4,500
2016/9/2	○△商事	T002	紅茶(パック)	2	500	1,000
2016/9/2	○△商事	T004	ダージリン	5	800	4,000
2016/9/2	○△商事	T005	アールグレイ	2	800	1,600
2016/9/3	株式会社ABC	J001	ウーロン茶	1	600	600
2016/9/3	株式会社ABC	J002	ほうじ茶(パック)	1	500	500
2016/9/3	株式会社ABC	T001	緑茶(パック)	1	400	400
2016/10/1	XXX株式会社	T004	ダージリン	2	800	1,600
2016/10/1	XXX株式会社	T005	アールグレイ	2	800	1,600
2016/10/2	○△商事	T001	緑茶(パック)	3	400	1,200
2016/10/2	○△商事	T002	紅茶(パック)	3	500	1,500
2016/10/2	○○株式会社	C003	キリマンジャロ	2	900	1,800
2016/10/2	○○株式会社	C004	トラジャ	2	900	1,800
2016/10/3	株式会社○×△	T002	紅茶(パック)	2	500	1,000

受注データ　取引先一覧　請求書Template

このファイルを使って作業します

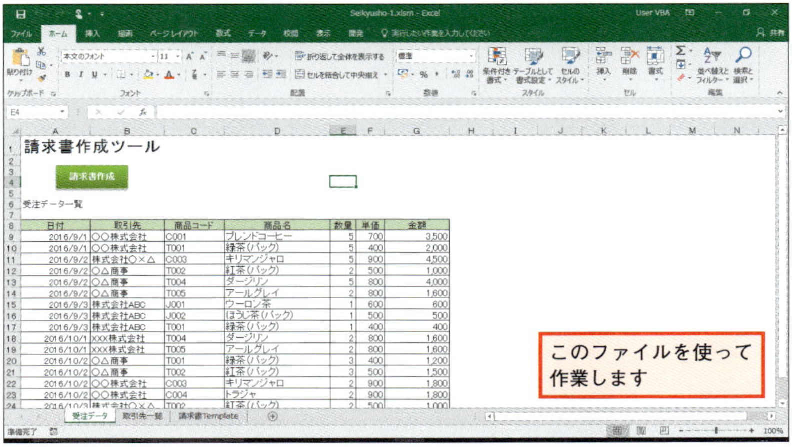

VBAでは、ユーザーインターフェースはユーザーフォームを使って作るんでしたよね。まずはVBEを開いて、ユーザーフォームを作ってください。ユーザーフォームを作るには、VBEの「挿入」メニューから「ユーザーフォーム」を選ぶんでしたよね。

図7-2-5　ユーザーフォームを作る

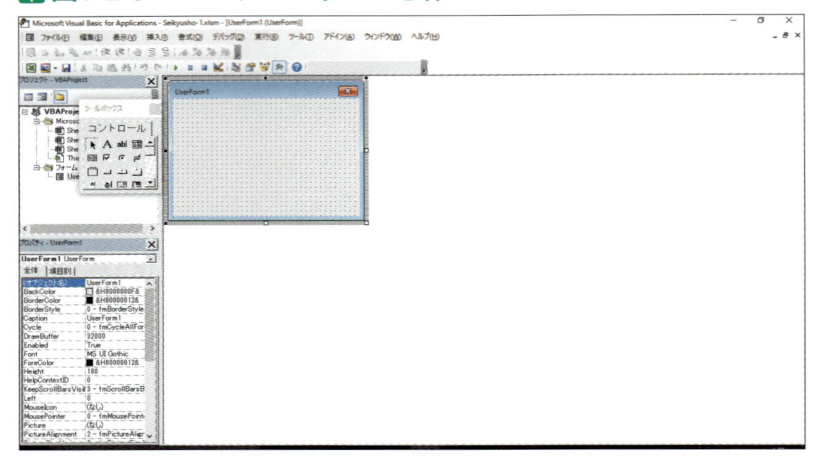

まずはユーザーフォームを作ります

土台となるユーザーフォームを作ったら、見出しを「請求書作成」にしましょう。ユーザーフォームの見出しは、VBEの画面左下にある「プロパティウィンドウ」の「Caption」で変更します。

注意

「プロパティウィンドウ」が表示されていなかったら？

「プロパティウィンドウ」が表示されていなかったら、VBEの「表示」メニューから「プロパティウィンドウ」をクリックしてください。

図7-2-6　ユーザーフォームの見出しを変える

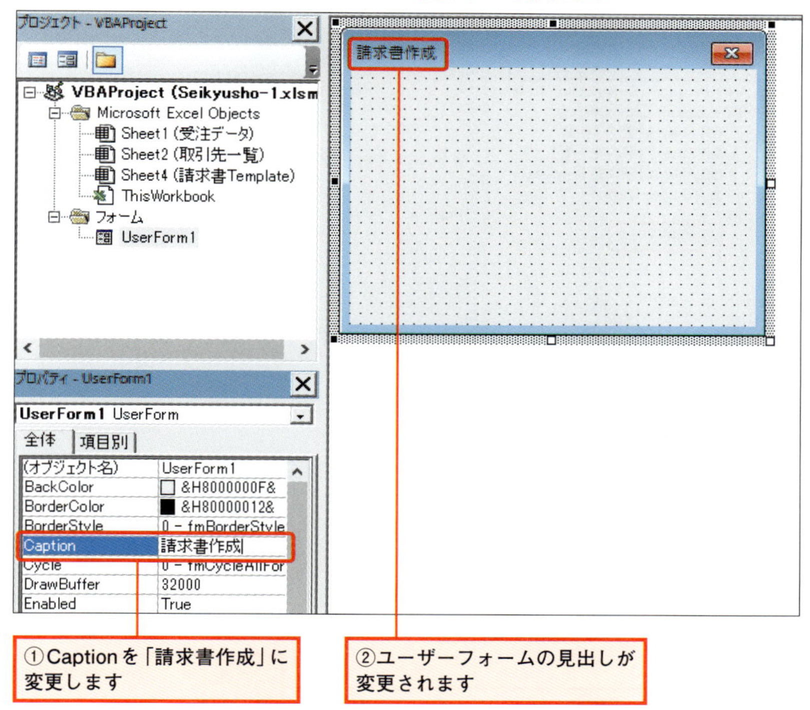

Captionは、コマンドボタンに表示されている文字や、ラベルの文字などを表します。後ほど、「請求書作成ツール」のユーザーインターフェースを作るところでも出てきますから、忘れないようにしましょう。

ユーザーフォームの見出しを変更したら、ユーザーフォームの名前も変えてみましょう。ユーザーフォームを作ると、図7-2-7のように「UserForm1」と自動的に名前がつきます。この名前をオブジェクト名といいますが、これを「frmMakeBill」にしましょう。

図7-2-7　「UserForm1」はオブジェクト名

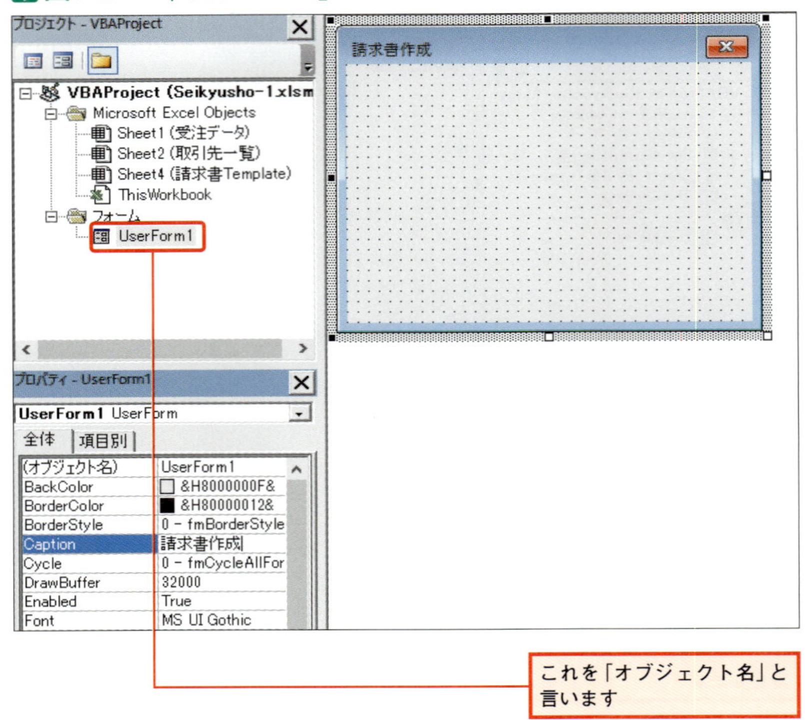

ユーザーフォームにかぎらず、オブジェクト名はできるだけきちんとつけるようにしてください。例えば、コマンドボタンが10個あるユーザーインターフェースを作るとして、オブジェクト名が「CommandButton1」「CommandButton2」のようにコマンドボタンを置いた時のままの名前だと、後でどれがどれだかわからなくなりますから。

オブジェクト名を変更するには、「プロパティウィンドウ」で行います。

「プロパティウィンドウ」の「オブジェクト名」を「frmMakeBill」にしてください。

図7-2-8　オブジェクト名の変更

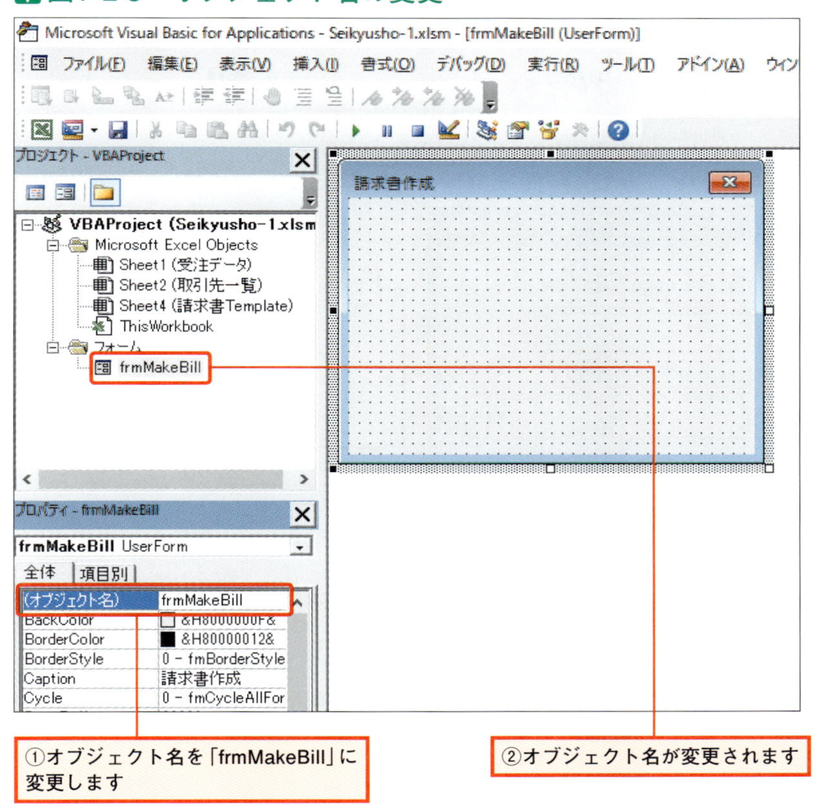

オブジェクト

　オブジェクトとは、Excelの「部品」のことです。この「部品」を、プログラムの世界では「オブジェクト」と呼びます。ですから、テキストボックス、さらにワークシートやセルもオブジェクトになります。

　なお、テキストボックスなどはコントロールといいますが、これはオブジェクトの中でもユーザーフォームで使う部品を、特に「コントロール」と呼ぶのです。

では、図7-2-9を参考にして、ラベルやコンボボックスをユーザーフォーム上に置いてください。なお、ユーザーフォームの大きさも、図を参考に変えてくださいね。

図7-2-9 「請求書作成ツール」のユーザーインターフェース

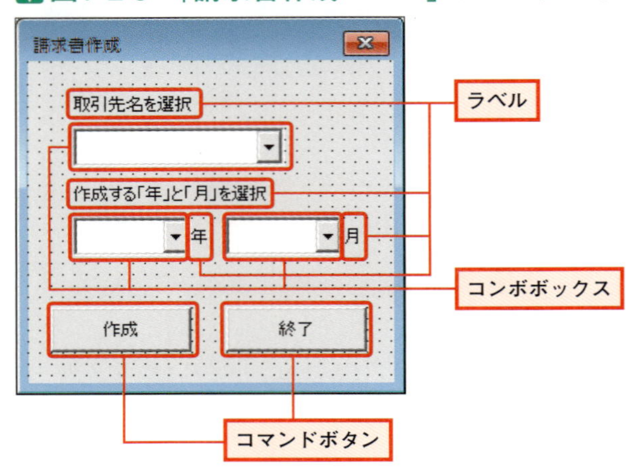

なお、ラベルやコンボボックスがある場所は、図7-2-10にあるとおりです。

図7-2-10 「ラベル」と「コンボボックス」

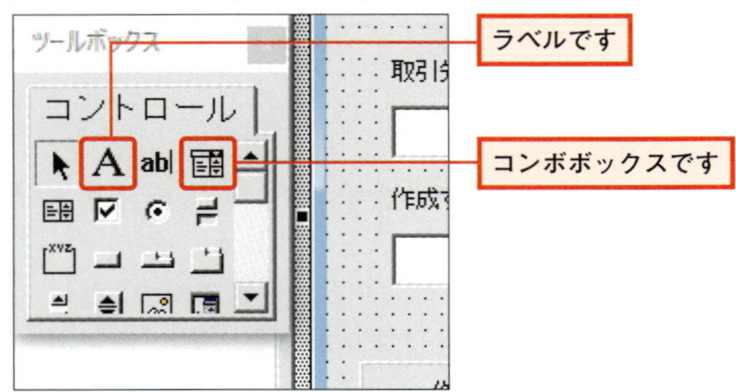

ラベルやコマンドボタンの文字は、「プロパティウィンドウ」の「Caption」で変更できます。

コントロールを置く作業が終わったら、それぞれのコントロールの「オブジェクト名」を変更してください。オブジェクト名は、それぞれ次のようになります。

図7-2-11　各コントロールのオブジェクト名

コントロール	オブジェクト名
「取引先」コンボボックス	cmbCompany
「年」コンボボックス	cmbYear
「月」コンボボックス	cmbMonth
「作成」コマンドボタン	btnMakeBill
「終了」コマンドボタン	btnExit

なお、今回はプログラムで特に処理をしないので、ラベルのオブジェクト名は変更しなくて結構です。

いかがでしょうか？

これで、「請求書作成ツール」のユーザーインターフェースの外観部分は完成です。

次は、このユーザーインターフェースの機能部分を作ります。

まずはコンボボックスからです。

まずは「請求書作成ツールのユーザーインターフェース」から

ユーザーインターフェースのプログラムを作る

コンボボックスのリストに値を表示する

今回の「請求書作成ツール」では、コンボボックスを使って、リストから「取引先」「年」「月」を選べるようにします。これは、入力ミスを無くすための措置でしたよね。

もちろん、コンボボックスのリストに表示する値は、VBAを使って設定します。

そこで、「請求書作成ツール」に設定する前にコンボボックスの基本を知っていただくために、サンプル「7Sho」フォルダに「7-1.xlsm」ファイルを用意しました。まずはこのファイルを使って、コンボボックスのリストに値を表示する命令について説明します。

とりあえず、このファイルを開いてみてください。

ファイルを開いたら、VBEを開きユーザーフォームを表示しましょう。

図7-3-1 「7-1.xlsm」のユーザーフォーム

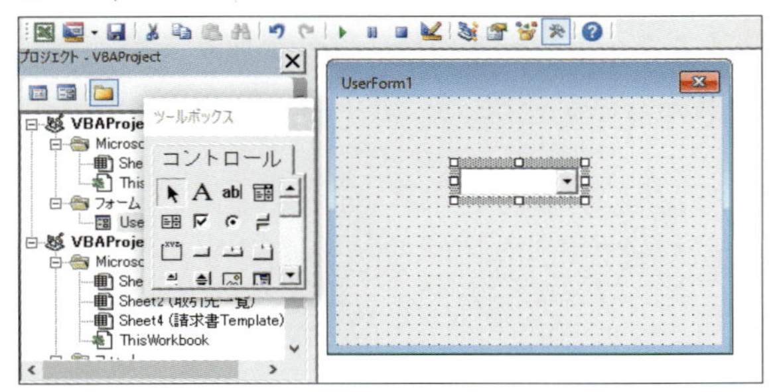

ユーザーフォームを表示します

次に、コードの入力画面を表示します。

図7-3-2　コードの入力画面

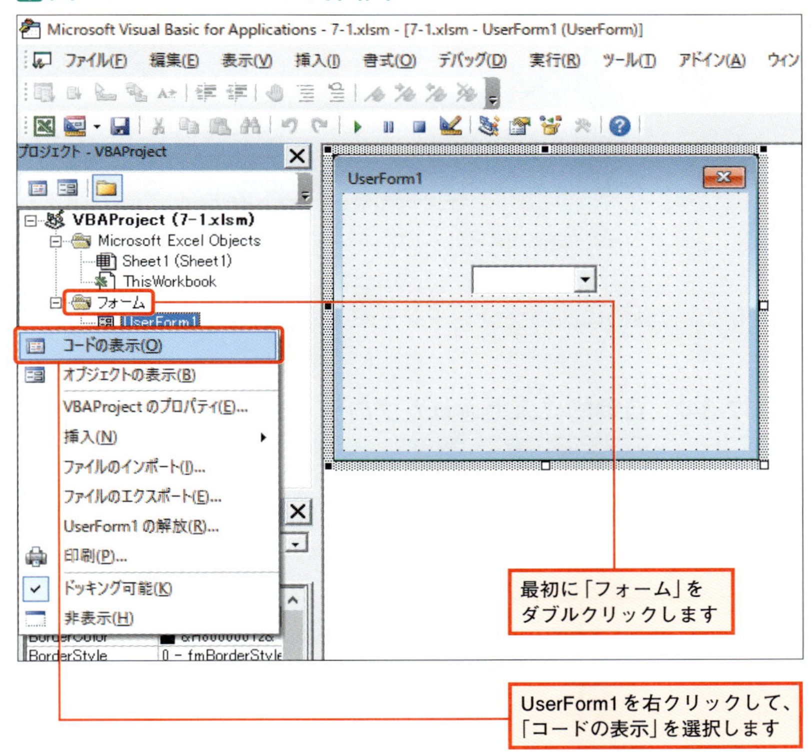

次に、コンボボックスのリストに値を表示するプロシージャを作るのですが、ここではユーザーフォームのInitializeイベントプロシージャを使います。

次のように操作してください。

まずは、コードを入力する画面の上の方「UserForm」を選びます。

図7-3-3 「UserForm」を選択

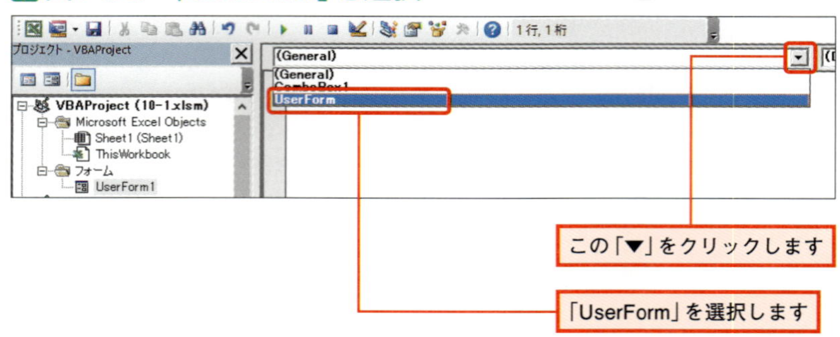

すると、自動的に次のプロシージャが入力されます。

図7-3-4 自動的に入力されたプロシージャ

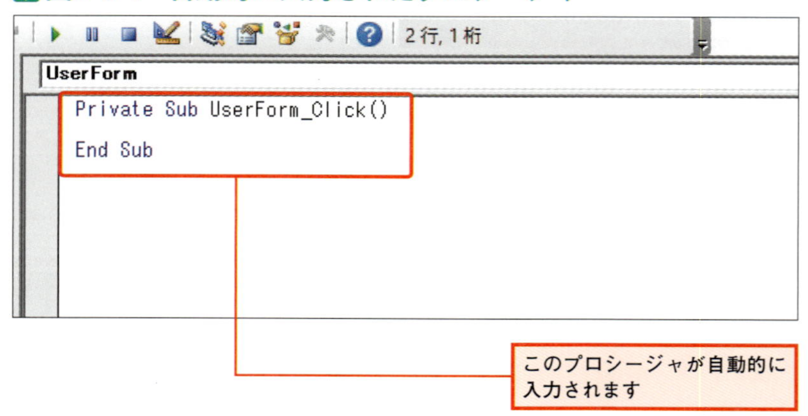

「UserForm_Click」となっているので、このユーザーフォームをクリックした時のイベントプロシージャだということがわかります。ですが、今回はこのプロシージャは使わないので、ひとまずこのままにしておきます。

ところで、イベントプロシージャってなんだか覚えていますか？

第6章で説明しましたが、「ボタンをクリックした時」など、○○された（または「した」）時に動く」プロシージャでしたよね。

今回作成する**「Initialize」というイベントプロシージャは、ユーザーフォームが表示される時（実際には表示される直前）に、処理が行われるプロシージャ**です。

ユーザーフォームが表示される際、今回のようにコンボボックスに表示する値を設定する、といった処理を行いたい時に使います。

続けましょう。

次は、先ほど「UserForm」を選んだ右側のボックスで、「Initialize」を選んでください。

図7-3-5　Initializeを選ぶ

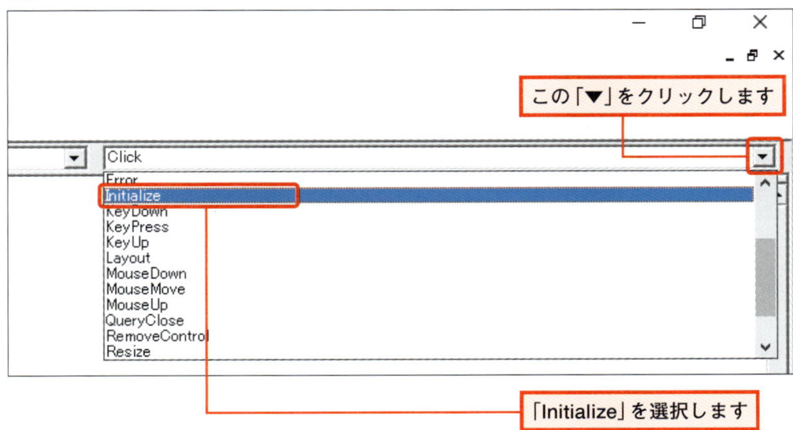

「Initialize」を選択すると、やはり自動的にプロシージャが入力されます。

図7-3-6　Initializeプロシージャ

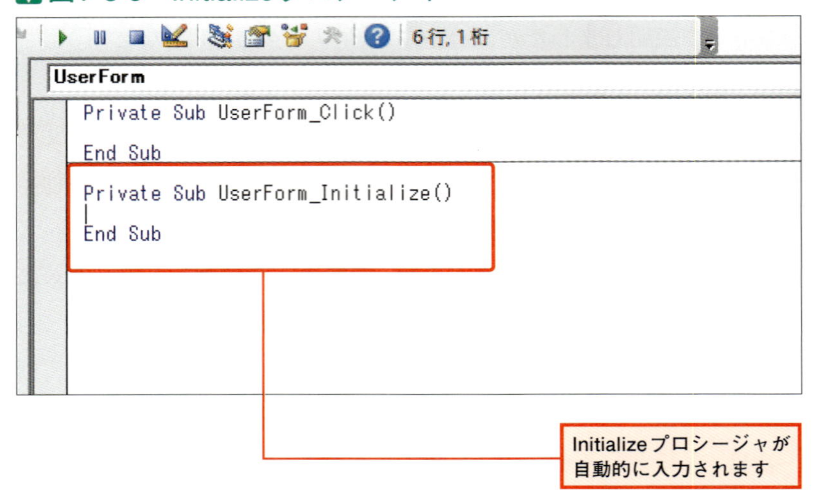

後は、このプロシージャに、コンボボックスのリストに値を表示するコードを入力するだけです。

次のコードを入力しましょう。

入力するコード

```
Private Sub UserForm_Initialize()
    ComboBox1.AddItem "Excel"
    ComboBox1.AddItem "Access"
    ComboBox1.AddItem "PowerPoint"
End Sub
```

コンボボックスのリストに表示する値は、AddItemという命令を使って設定します。複数ある場合は、このように必要な数だけAddItemを使います。

入力できたら試してみましょう。

F5 キーを押してください。画面がExcelに切り替わって、ユーザーフォームを使って作ったユーザーインターフェースが表示されます。

ユーザーインターフェースが表示されたら、コンボボックスの「▼」をクリックしてみてください。図7-3-7のように、リストが表示されたらOKです。

図7-3-7　コンボボックスのリスト

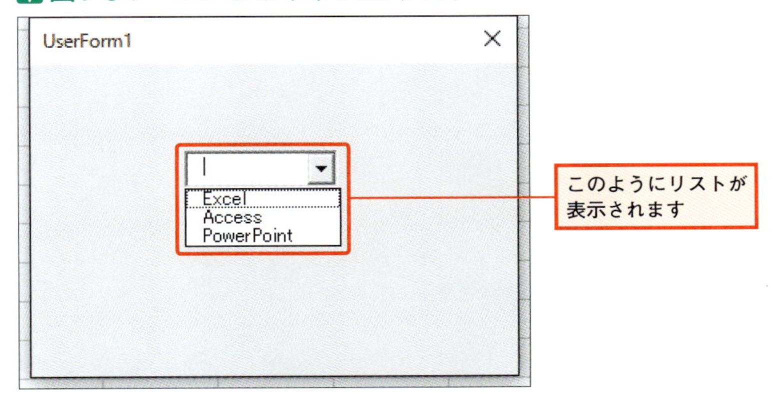

いかがですか？

これが、コンボボックスのリストに値を表示する方法です。

ポイントは、次の2つです。

- コンボボックスのリストに表示する値は、AddItemという命令を使う
- ユーザーフォームのInitializeイベントは、ユーザーフォームが表示される時に実行されるので、このタイミングでAddItemを使う

では、「請求書作成ツール」に戻ります。

「7-1.xlsm」は、上書き保存して閉じましょう。まずは、一番簡単な「月」のコンボボックスの設定からです。

「月」のリストに表示する値を設定する

「月」は1から12のどれかですよね。ですから、「月」のコンボボックスに1から12の値を設定しましょう。

ただし、先ほど説明したサンプルのように、次のようなコードは書きません。

サンプルをもとにしたコード

```
cmbMonth.AddItem 1
cmbMonth.AddItem 2
cmbMonth.AddItem 3
        ・
        ・
        ・
cmbMonth.AddItem 12
```

1から12まで同じ処理を繰り返すのですから、ここは繰り返し処理を使いましょう。入力するコードは、次のようになります。

「月」のコンボボックスに値を設定するコード

```
Dim i As Long
For i = 1 To 12
    cmbMonth.AddItem = i
Next
```

さて、問題はこのコードをどのプロシージャに入力するかですが、さっきやったばかりですよね。覚えていますか？

そう、ユーザーフォームのInitializeイベントプロシージャです。

では、ユーザーフォームのInitializeイベントプロシージャを作って、そこに入力してください。作り方もさっきやりましたよね。思い出しながらやってみてください。

図7-3-8　Initializeイベントプロシージャ

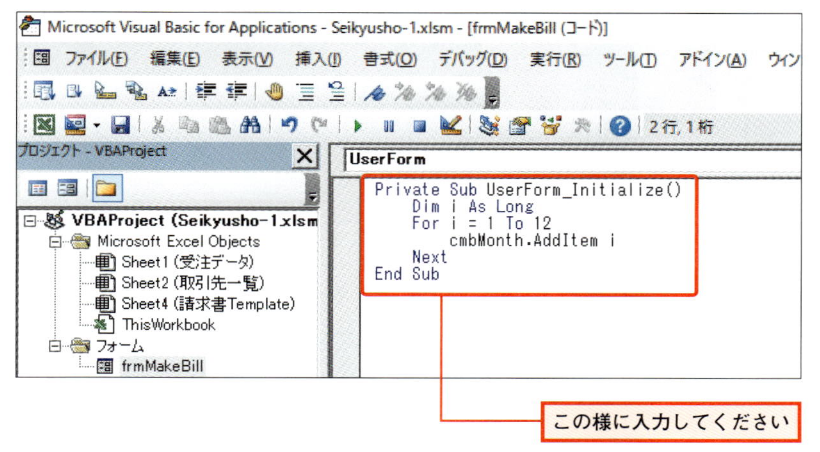

コードの意味ですが、ここではFor Nextを使って繰り返し処理をしています。この時、変数iの値は1から12まで変わります。また、「月」のコンボボックスは「cmbMonth」という名前でした。ですから次のコードで、コンボボックスに1から12までの値を設定していることになります。

```
For i = 1 To 12
    cmbMonth.AddItem i
Next
```

入力できたら、F5 キーでユーザーフォームを表示しましょう。

図7-3-9　実行結果

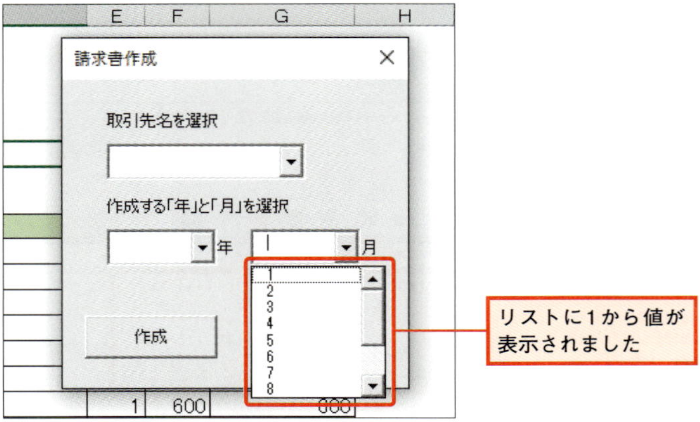

確認できたら、右上の「×」をクリックしてユーザーフォームを閉じましょう。

これで、「月」のコンボボックスは完成です。

「年」のリストに表示する値を設定する

次は「年」のリストです。ただ、ここはちょっと考えなくてはならないことがあります。

請求書を作る「年」って、いつでしょうか？

さすがに、5年も10年も前のものは作らないですよね。せいぜい、今の年を入れて前後3年ではないでしょうか。

例えば、2017年の1月に2016年12月分の請求書を作ることはありそうですよね。また、2016年12月に2017年1月分の請求書を出すこともあるかもしれません。

そこで、今日の日付を元に、前後合わせて3年の「年」が表示されるようにします。例えば、今日が「2016年」なら、表示されるのは「2015」「2016」「2017」の3つという意味です。

では、次のコードを入力してください。

▼入力するコード

```
Dim vYear As Long
Dim i As Long

vYear = Year(Date)
cmbYear.AddItem vYear - 1
cmbYear.AddItem vYear
cmbYear.AddItem vYear + 1
cmbYear.Value = vYear
```

```
For i = 1 To 12
    cmbMonth.AddItem i
Next
```

まずは変数vYearですが、これはその後で、今日の「年」を求めて入れるための変数です。

そして、「vYear = Year(Date)」で今日の「年」を求めます。

仕組みですが、まず「Date」が今日の日付（年月日）を返すVBA関数です。また、Yearはカッコの中に指定した日付の「年」を返してくれるVBA関数になります。

つまり、例えば今日は「2016/10/1」であれば、この処理は次のようになります。

図7-3-10　「vYear = Year(Date)」の処理

次に、「年」のコンボボックスに値を設定します。今回は、前後合わせて3年なので、変数vYearの値から「-1」したものと「+1」したものを、AddItemを使って設定しています。

そして、最後に次のコードがあります。

```
cmbYear.Value = vYear
```

Valueは、ここではコンボボックスの値になります。そこに変数vYearを指定しています。こうすることで、このユーザーインターフェースが表示された時に、「年」コンボボックスには今日の「年」が表示されます。

入力できたら、確認してみましょう。

図7-3-11　実行結果

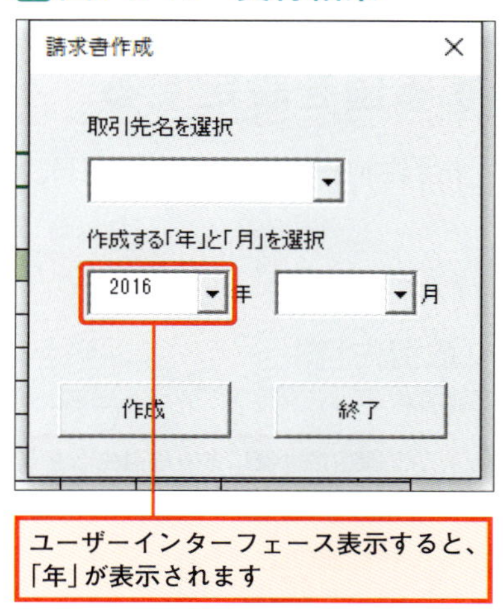

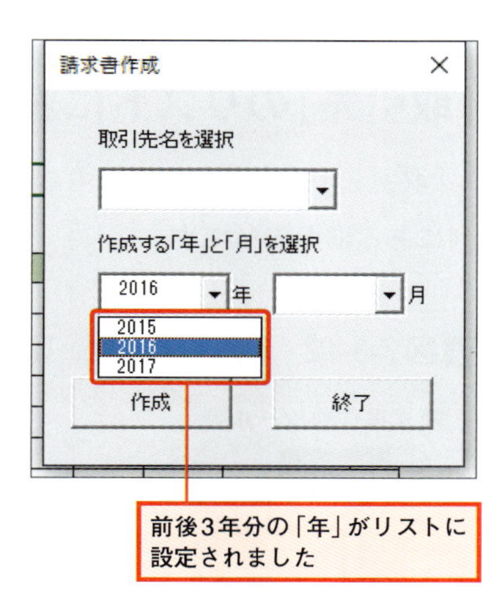

実行結果について

この実行結果は、2016年にこのプログラムを実行した結果です。別の年に実行すると、表示される「年」が変わります。

動作が確認できたら、ユーザーインターフェースの右上の「×」をクリックして閉じてください。

ところで、この「年」のコンボボックスでは、前後合わせて3年分の「年」を表示することにしましたが、こういった「決まり」は誰がどのようにして決めるのでしょうか？

これ、決して「プログラムを作る人だけ」というわけではありません。業務用のプログラムの場合、実際に使う人の意見も聞く必要があります。

業務用のプログラムを作るということは、単に処理が複雑になるだけではなく、こういったことまで考えなくてはならないのです。

さて、それではコンボボックスの最後、「取引先」の設定をしましょう。

「取引先」のリストに表示する値を設定する

「取引先」のリストに表示するのは、「受注データ一覧」の「取引先」列にある取引先名です。

図7-3-12 「受注データ一覧」の「取引先」欄

請求書作成ツール

請求書作成

受注データ一覧

日付	取引先	商品コード	商品名	数量	単価	金額
2016/9/1	○○株式会社	C001	ブレンドコーヒー	5	700	3,500
2016/9/1	○○株式会社	T001	緑茶(パック)	5	400	2,000
2016/9/2	株式会社○×△	C003	キリマンジャロ	5	900	4,500
2016/9/2	○△商事	T002	紅茶(パック)	2	500	1,000
2016/9/2	○△商事	T004	ダージリン	5	800	4,000
2016/9/2	○△商事	T005	アールグレイ	2	800	1,600
2016/9/3	株式会社ABC	J001	ウーロン茶	1	600	600
2016/9/3	株式会社ABC	J002	ほうじ茶(パック)	1	500	500
2016/9/3	株式会社ABC	T001	緑茶(パック)	1	400	400
2016/10/1	XXX株式会社	T004	ダージリン	2	800	1,600
2016/10/1	XXX株式会社	T005	アールグレイ	2	800	1,600
2016/10/2	○△商事	T001	緑茶(パック)	3	400	1,200
2016/10/2	○△商事	T002	紅茶(パック)	3	500	1,500
2016/10/2	○○株式会社	C003	キリマンジャロ	2	900	1,800
2016/10/2	○○株式会社	C004	トラジャ	2	900	1,800

この「取引先」欄にある取引先名を選べるようにします

「取引先」コンボボックスのオブジェクト名は「cmbCompany」ですから、次のように書くこともできます。

```
cmbCompany.AddItem "○○株式会社"
```

でも、これだと取引先の名前が、例えば「○○株式会社」が「○○△株式会社」になった時に、コードを修正しなくてはなりませんよね。

会社名が変わる度にコードを修正するなんて、ちょっと面倒です。

そこで今回は、「取引先一覧」ワークシート「取引先」一覧表を用意して、この値をコンボボックスに表示することにしました。

図7-3-13 「取引先一覧」

	A	B
1	取引先	
2	○○株式会社	
3	株式会社○×△	
4	○△商事	
5	株式会社ABC	
6	XXX株式会社	
7		

この一覧表を使って、コンボボックスに値を設定します

こうすれば、会社名が変わっても、この「取引先一覧」ワークシートの一覧表を修正すれば済みますよね。

早速、やってみましょう。

まずはこの一覧ですが、セルA2からA6のセル範囲にありますよね。このセル範囲の値を順番にコンボボックスに設定するのですから、ここでも繰り返し処理が使えそうです。

その繰り返し処理ですが、ここではFor Nextではなく、別の方法を説明します。

まずは、次のコードをユーザーフォームのInitializeイベントプロシージャに追加してください。

追加するコード

```
Dim temp As Range
Dim vYear As Long
Dim i As Long

For Each temp In Worksheets("取引先一覧").Range("A2:A6")
    cmbCompany.AddItem temp.Value
Next

vYear = Year(Date)
```

繰り返し処理を行っているのは、ForとNextの間です。その点はFor Nextと同じなのですが、Forの後をよく見てください。だいぶ違いますよね。

これ、実はFor Each Nextという命令になります。

まずは構文を見てみましょう。

For Each Nextの構文

```
For Each 要素変数 In 対象
  繰り返す処理
Next
```

For Each Nextは、「For」から「Next」の間に書かれた処理を、「対象」の全てに対して行います。「対象」にはセル範囲などを指定します。また、「要素」は「対象」の中で、その時点で処理しているもの(「対象」がセル範囲なら、実際に処理しているセル)になります。

ポイントは、「対象」の全てに対して処理を繰り返す点です。For Nextの場合、カウンタ変数の値が初期値から終了値になるまで処理を繰り返すため、繰り返す回数が決まっていました。このFor Each Nextは、回数はともかく「対象」に指定したもの全てに処理を繰り返して行うのです。

つまり、次のように考えてください。

- **For Nextは、繰り返す回数が決まっている時に使う**
- **For Each Nextは、対象全てに処理を行いたい時に使う**

今回は、「取引先」がいくつあるかは問題ではありません。とにかく「取引先」の一覧全てに処理を行いたいので、For Each Nextを使うのです。

また、For Each Nextのもう1つのポイントは、「cmbCompany.AddItem temp.Value」の「temp.Value」の部分です。

この変数tempは、For Each Nextの要素変数になります。要素変数は、「対象」(ここでは「Worksheets("取引先一覧").Range("A2:A6")」です)の中で、今まさに処理を行っているものになります。今回はセル範囲に対して処理を行っているので、この変数tempはセルを表します。

ちょっとわかりにくいので、図7-3-14を見てください。

▼図7-3-14　変数tempの処理

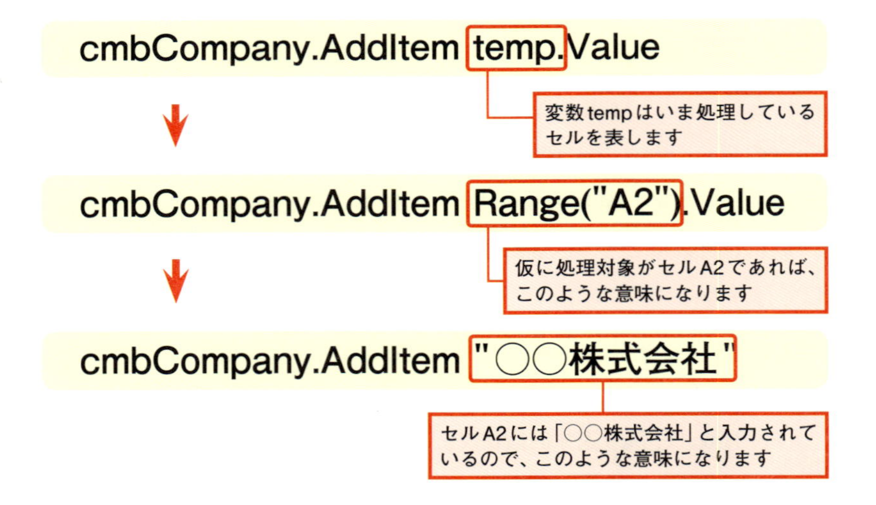

このような処理になります。こうして「対象」に指定された「取引先一覧」ワークシートのセルA2からセルA6の値を、「取引先」コンボボックスに設定するのです。

なお、VBAではこのような繰り返し処理や条件に応じた処理など、プログラムの流れを決めるような命令を総称して「ステートメント」と呼びます。

ステートメント

用語解説

プログラムの処理の流れやプログラム構成を決めるような命令を、ステートメントといいます。For Nextなどの繰り返し処理の命令や、Ifなどの条件に応じた処理の命令、そしてプロシージャを表すSubやFunctionもステートメントです。

さて、コードが入力できたら確認しましょう。F5 キーを押してください。

図7-3-15　実行結果

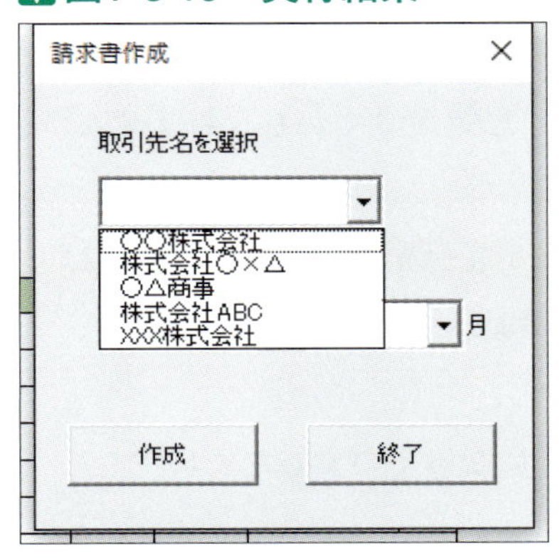

確認できたら、右上の「×」をクリックして閉じましょう。

ワークシートの値を参照して、コンボボックスの設定ができました。

いかがですか？

ここでは、コンボボックスに値を設定するだけではなく、「取引先」の名前が変わった時のことも考えてコードを書きました。

こういうこと、業務用のプログラムでは大切なことなんです。

なぜなら、もし「取引先」の名前が変わる度にコードを修正しなくてはならないとしたら、その都度、このプログラムを作ったあなたが呼ばれて、対応しなくてはならないということになるからです。そんなことをしていたら、「請求書発行」の作業も止まってしまうでしょう。

業務用のプログラムを作るということは、こんなことも考える必要があるのです。めんどくさいかもしれませんが、覚えておいてくださいね。

さて、これで「取引先」コンボボックスは完成した！と考えていいのでしょうか？

こういう質問が出たということは、想像がつくかもしれませんが、答えはNO！です。

なぜなら、**このプログラムですと、「取引先」が増えるとやっぱりコードを直さなくてはならない**んですよ。

繰り返し処理のコードは、次のようになっていましたよね。

▼「取引先」コンボボックスに値を設定するコード

```
For Each temp In Worksheets("取引先一覧").Range("A2:A6")
    cmbCompany.AddItem temp.Value
Next
```

「Range("A2:A6")」となっていますから、もしセルA7に新たに取引先を追加しても、コンボボックスには設定されません。

これでは、ちょっと困りますよね。そこで、もし取引先が増えても、コードを修正しなくて済むようにしましょう。

ただ、ちょっとコードが複雑になるので、先に使う命令について説明しておきます。

取引先が増えても大丈夫なようにするために使う命令

ここでまた、ちょっと別のサンプルを見てください。サンプル「7Sho」フォルダの「7-2.xlsm」です（万一に備え、Seikyusho-1.xlsmは上書き保存しておきましょう）。

「7-2.xlsm」ファイルには、図7-3-16のような表があります。

図7-3-16　見出しのある表

	A	B	C	D	E	F	G	H	I
1									
2									
3		日付	取引先	商品コード	商品名	数量	単価	金額	
4		2016/9/1	○○株式会社	C001	ブレンドコーヒー	5	700	3,500	
5		2016/9/1	○○株式会社	T001	緑茶(パック)	5	400	2,000	
6		2016/9/2	株式会社○×△	C003	キリマンジャロ	5	900	4,500	
7		2016/9/2	○△商事	T002	紅茶(パック)	2	500	1,000	
8		2016/9/2	○△商事	T004	ダージリン	5	800	4,000	
9		2016/9/2	○△商事	T005	アールグレイ	2	800	1,600	
10		2016/9/3	株式会社ABC	J001	ウーロン茶	1	600	600	
11		2016/9/3	株式会社ABC	J002	ほうじ茶(パック)	1	500	500	
12		2016/9/3	株式会社ABC	T001	緑茶(パック)	1	400	400	
13		2016/10/1	XXX株式会社	T004	ダージリン	2	800	1,600	
14									
15									

「7-2.xlsm」ファイルにある表

この表を使って、これからいくつかVBAの命令について説明します。

まずは、次の「表全体を選択するプログラム」です。

表全体を選択するプログラム

```
Sub CurrentRegionSample1()

    Range("B3").CurrentRegion.Select

End Sub
```

図7-3-17　実行結果

	A	B	C	D	E	F	G	H	I
1									
2									
3		日付	取引先	商品コード	商品名	数量	単価	金額	
4		2016/9/1	○○株式会社	C001	ブレンドコーヒー	5	700	3,500	
5		2016/9/1	○○株式会社	T001	緑茶(パック)	5	400	2,000	
6		2016/9/2	株式会社○×△	C003	キリマンジャロ	5	900	4,500	
7		2016/9/2	○△商事	T002	紅茶(パック)	2	500	1,000	
8		2016/9/2	○△商事	T004	ダージリン	5	800	4,000	
9		2016/9/2	○△商事	T005	アールグレイ	2	800	1,600	
10		2016/9/3	株式会社ABC	J001	ウーロン茶	1	600	600	
11		2016/9/3	株式会社ABC	J002	ほうじ茶(パック)	1	500	500	
12		2016/9/3	株式会社ABC	T001	緑茶(パック)	1	400	400	
13		2016/10/1	XXX株式会社	T004	ダージリン	2	800	1,600	
14									
15									

表全体が選択されました

ここで出てきた命令が、「CurrentRegion」です。この命令は、指定したセル（ここではRange("B3")なので、セルB3）を含む「アクティブセル領域」を求めるための命令です。

アクティブセル領域とは、まさにこの実行結果のように、空白のセルで囲まれた範囲のことを指します。

用語解説

アクティブセル領域

アクティブセル領域とは、空白のセルで囲まれたセル範囲を指します。

そして、「Select」は「選択する」という命令ですので、この「Range("B3").CurrentRegion.Select」というコードは、「セルB3を含むアクティブセル領域を選択する」という意味になるわけです。

では、次のプログラムを見てください。これは、指定したセル範囲を変更した後に選択するプログラムです。

▼セル範囲を変更してから選択するプログラム

```
Sub CurrentRegionSample2()

    Range("B3").CurrentRegion.Resize(1, 3).Select

End Sub
```

▼図7-3-18　選択するセル範囲の変更

	A	B	C	D	E	F	G	H	I
1									
2									
3		日付	取引先	商品コード	商品名	数量	単価	金額	
4		2016/9/1	○○株式会社	C001	ブレンドコーヒー	5	700	3,500	
5		2016/9/1	○○株式会社	T001	緑茶(パック)	5	400	2,000	
6		2016/9/2	株式会社○×△	C003	キリマンジャロ	5	900	4,500	
7		2016/9/2	○△商事	T002	紅茶(パック)	2	500	1,000	
8		2016/9/2	○△商事	T004	ダージリン	5	800	4,000	
9		2016/9/2	○△商事	T005	アールグレイ	2	800	1,600	
10		2016/9/3	株式会社ABC	J001	ウーロン茶	1	600	600	
11		2016/9/3	株式会社ABC	J002	ほうじ茶(パック)	1	500	500	
12		2016/9/3	株式会社ABC	T001	緑茶(パック)	1	400	400	
13		2016/10/1	XXX株式会社	T004	ダージリン	2	800	1,600	
14									
15									

1行3列のセル範囲に変更されて、選択されました

このプログラムでは、CurrentRegionでアクティブセル領域（セルB3からセルH13）を取得した後、Resizeを使ってセル範囲を変更しています。

Resizeの構文を見てみましょう。

Resizeの構文

```
セル範囲.Resize(行数, 列数)
```

Resizeは、「セル範囲」に指定されたセル範囲の大きさを、「行数」「列数」に指定した大きさに変更します。省略した場合は変更しません。

このプログラムでは「Resize(1, 3)」となっていますから、「1行3列」の大きさに変更することになります。ですので、セルB3からD3の「1行3列」が選択されるのです。

ちょっと大変ですが、もう1つ見てください。次のプログラムは、セル範囲を移動するものです。

セル範囲を移動してから選択するプログラム

```
Sub CurrentRegionSample3()
    Range("B3").CurrentRegion.Offset(1, 0).Select
End Sub
```

図7-3-19　実行結果

	A	B	C	D	E	F	G	H	I
1									
2									
3		日付	取引先	商品コード	商品名	数量	単価	金額	
4		2016/9/1	○○株式会社	C001	ブレンドコーヒー	5	700	3,500	
5		2016/9/1	○○株式会社	T001	緑茶(パック)	5	400	2,000	
6		2016/9/2	株式会社○×△	C003	キリマンジャロ	5	900	4,500	
7		2016/9/2	○△商事	T002	紅茶(パック)	2	500	1,000	
8		2016/9/2	○△商事	T004	ダージリン	5	800	4,000	
9		2016/9/2	○△商事	T005	アールグレイ	2	800	1,600	
10		2016/9/3	株式会社ABC	J001	ウーロン茶	1	600	600	
11		2016/9/3	株式会社ABC	J002	ほうじ茶(パック)	1	500	500	
12		2016/9/3	株式会社ABC	T001	緑茶(パック)	1	400	400	
13		2016/10/1	XXX株式会社	T004	ダージリン	2	800	1,600	
14									
15									
16									

1行下のセル範囲が選択されました

先ほどの、図7-3-17の実行結果と比べてみてください(コードも一緒に比べてください)。Offset(1, 0)とあることで、1行下のセル範囲が選択されています。

このように、Offsetはセル範囲を移動する命令なのです。

構文を見ておきましょう。

Offsetの構文

```
セル範囲.Offset(行数, 列数)
```

Offsetは、「セル範囲」を指定した「行数」分だけ下に、指定した「列数」分だけ右に移動します。マイナスの数値を指定すると、行の場合は上に、列の場合は左に移動します。

さて、「CurrentRegion」「Resize」「Offset」ですが何をしようとしているのかというと、これらを組み合わせて、図7-3-20のように、表の見出しを除いた範囲を選択しようとしているのです。

図7-3-20　選択する範囲

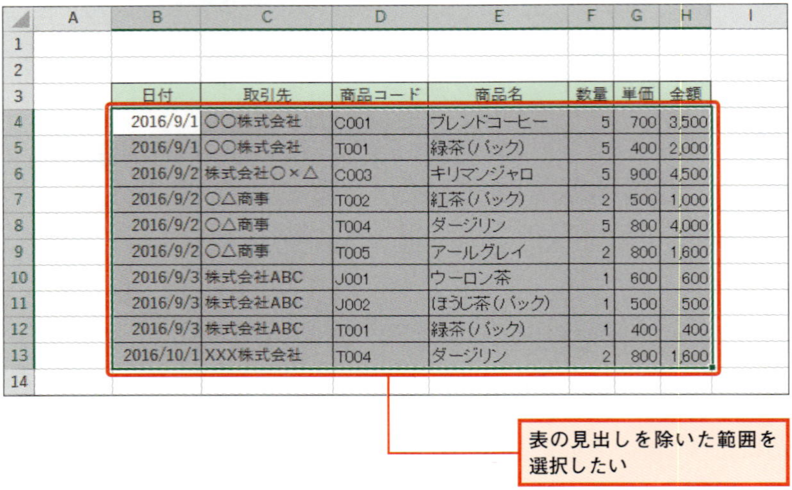

	A	B	C	D	E	F	G	H	I
1									
2									
3		日付	取引先	商品コード	商品名	数量	単価	金額	
4		2016/9/1	○○株式会社	C001	ブレンドコーヒー	5	700	3,500	
5		2016/9/1	○○株式会社	T001	緑茶(パック)	5	400	2,000	
6		2016/9/2	株式会社○×△	C003	キリマンジャロ	5	900	4,500	
7		2016/9/2	○△商事	T002	紅茶(パック)	2	500	1,000	
8		2016/9/2	○△商事	T004	ダージリン	5	800	4,000	
9		2016/9/2	○△商事	T005	アールグレイ	2	800	1,600	
10		2016/9/3	株式会社ABC	J001	ウーロン茶	1	600	600	
11		2016/9/3	株式会社ABC	J002	ほうじ茶(パック)	1	500	500	
12		2016/9/3	株式会社ABC	T001	緑茶(パック)	1	400	400	
13		2016/10/1	XXX株式会社	T004	ダージリン	2	800	1,600	
14									

表の見出しを除いた範囲を選択したい

では、そのプログラムを見てみましょう。次のプログラムは、この表の見出しを除いたセル範囲を選択します。

表の見出しを除いたセル範囲を選択するプログラム

```
Sub CurrentRegionSample4()

    Range("B3").CurrentRegion.Resize(Range("B3").
    CurrentRegion.Rows.Count - 1).Offset(1, 0).
    Select

End Sub
```

ちょっと長いので、順番に説明しましょう。

とりあえず、「Range("B3").CurrentRegion」については説明不要ですよね。

次の「Resize(Range("B3").CurrentRegion.Rows.Count - 1)」ですが、これは「Range("B3").CurrentRegion.Rows.Count」でセルB3を含むアクティブセル領域の行数を数え（Rows.Countは行数を数えます）、さらに「-1」しています。つまり、表全体の行数から見出しの1行を引いた大きさにResizeを使って変更しているのです。

また、列数の指定はありませんから、列数は元のままということになります。

「Offset(1, 0).Select」は、これも説明しなくていいですよね。先ほどのサンプルと同じです。

なお、実際に処理をする部分のコードですが、Withを使うともう少しすっきりと書けるので紹介しておきます。

Withを使った場合のプログラム

```
Sub CurrentRegionSample5()
    With Range("B3").CurrentRegion
        .Resize(.Rows.Count - 1).Offset(1, 0).Select
    End With
End Sub
```

Withは、Withの後に書いたものをEnd Withまでの間、省略できるんでしたよね。この書き方、VBAでは定番ですので、ぜひ覚えてください。

さて、話を「請求書作成ツール」に戻しましょうか。

今やろうとしてたのは、取引先が増えても大丈夫なようにすることでしたよね。

取引先が増えても大丈夫なようにする

では、コードを修正しましょう。次のようにコードを追加・修正してください。

```
Dim ListRange As Range
Dim temp As Range
Dim vYear As Long
Dim i As Long

With Worksheets("取引先一覧").Range("A1").CurrentRegion
    Set ListRange = .Resize(.Rows.Count - 1).Offset(1)
End With

For Each temp In ListRange
    cmbCompany.AddItem temp.Value
Next

vYear = Year(Date)
```

まず、変数ListRangeを宣言しています。この変数は、図7-3-21の部分を取得して入れるためのものです。

図7-3-21　変数ListRangeに入れるセル範囲

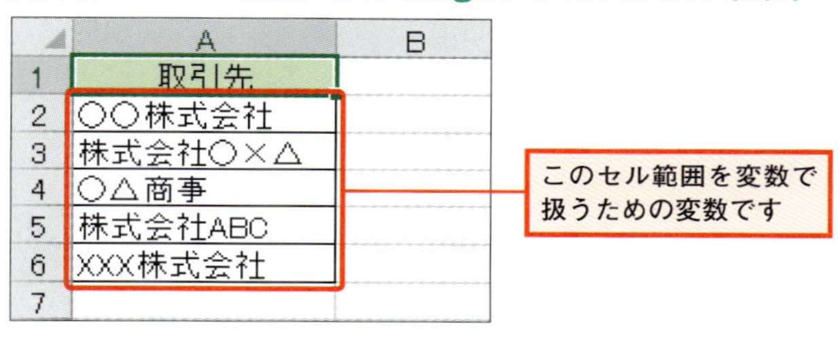

ここで、この変数のデータ型に注意してください。Rangeとなっていますよね。Rangeはセルを表す命令です。これを変数のデータ型に使うと、この変数はセルを表すための変数となります。

また、セルはオブジェクト（Excelの部品）ですよね。変数の中でも、オブジェクトを扱う変数を特に、オブジェクト変数と言います。

そして、値を設定する際には

```
Set オブジェクト変数 = オブジェクト
```

このような書き方になります。

なお、今回のコードでは次のようにしています。

```
With Worksheets("取引先一覧").Range("A1").CurrentRegion
    Set ListRange = .Resize(.Rows.Count - 1).Offset(1)
End With
```

「Set ListRange =」を除けば、先ほど説明した「見出しを除いたセル範囲を求めるコード」と同じですよね。つまり、「取引先」一覧表の見出しを除いたセル範囲を変数ListRangeに入れる処理、ということになるのです(ちょっと難しいかもしれませんが、この処理はVBAではとてもよく使うので、丸暗記でも結構ですから覚えておいてください)。

コンボボックスに値を設定するセル範囲が変数ListRangeになったら、繰り返し処理の「対象」の部分を修正すればOKです。

これで、「取引先」が増えてもコードを修正する必要がなくなりました！

いかがでしたか？

ちょっと大変だったと思いますが、なんとかできたかと思います。

さて、それではもう1つだけ設定をして、ユーザーインターフェースの作成を一旦終わらせましょう。

「終了」ボタンの設定

「終了」ボタンをクリックした時に、このユーザーインターフェースを閉じるようにします。これで一旦、ユーザーインターフェース部分の作成は終わります。「作成」ボタンは、クリックした時に請求書を作る処理が行われるので、次章でじっくりと説明しますからね。

さて、「終了」ボタンをクリックした時のプログラムですが、まずはVBEで「終了」ボタンをダブルクリックしてください。

自動的に、次のプロシージャが表示されます。

自動的に表示されるプロシージャ

```
Private Sub btnExit_Click()


End Sub
```

ここに、次のコードを入力してください。

追加するコード

```
Private Sub btnExit_Click()
    Unload Me
End Sub
```

これでコードについては終わりです。

Unloadは、ユーザーフォームを閉じるための命令です。「Me」は、今コードを書いているユーザーフォームそのものを指します。

つまり、「終了」ボタンをクリックすると、「終了」ボタンが置かれているユーザーフォームを閉じる（ユーザーインターフェースを閉じる）という意味になるのです。

では最後に、動作確認をしましょう。F5キーでユーザーインターフェース表示してください。

「終了」ボタンをクリックして、ユーザーインターフェースが閉じることを確認しましょう。

図7-3-22　実行結果

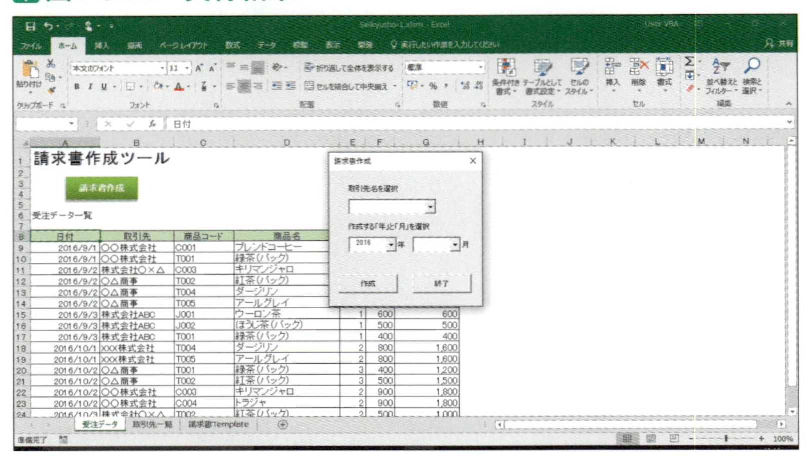

「終了」ボタンをクリックして確認しましょう

以上、これで第7章は終了です。

次の章では、このツールの肝である「請求書を作成する処理」の部分を作りたいと思います！

第8章

「請求書を作成する機能」を作る

まずは処理の流れを確認する

どんなプログラムを作るのかを確認する

いよいよ、「請求書作成ツール」において最も重要な機能である、「実際に請求書を作成する機能」を作りたいと思います。

今回作成する「請求書作成ツール」は、ユーザーインターフェースで、請求書を作る「取引先」と対象の「年」「月」を選び、「作成」ボタンをクリックすると請求書ができるというものです（図8-1-1）。

図8-1-1 「請求書作成ツール」の完成例

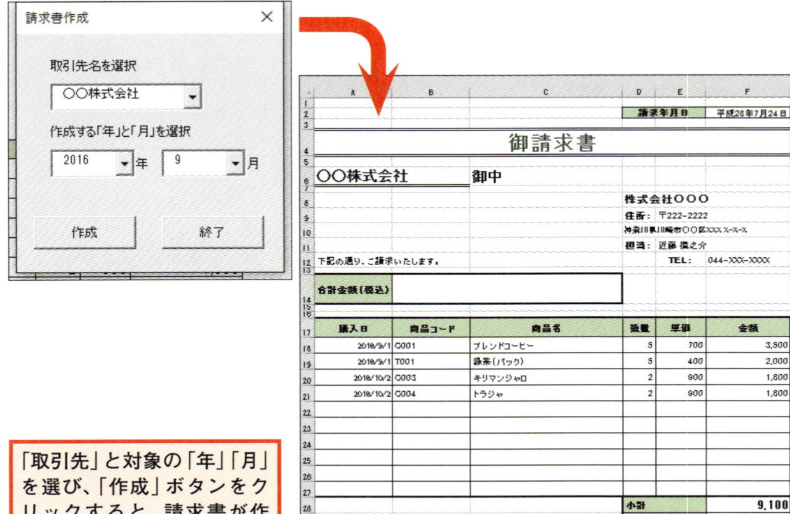

でも、この情報だけでプログラムを作れと言われても、さすがにそれは無理ですよね。実際、皆さんの頭の中には既に色々な「？」が浮かんでいるはずです。

そこで、まずはどのような流れの処理になるのかについて、もう少し細かいところまで整理してみましょう。

プログラムの処理の流れを考える

今回のプログラムが行う処理は、次のような流れになります。

- 請求書の雛形を用意して、請求書はその雛形をコピーして作る
- ユーザーインターフェースに指定した条件（「取引先」「年」「月」）で、「受注データ一覧」のデータから該当する請求データを探す
- 請求データを、コピーした請求書の雛形に表示する
- 合計金額など、計算で求める値は計算式を設定する
- 請求書を別のファイルとして保存する

結構細かいですし、ちょっと難しそうですかね。

でも、どんなプログラムを作るのかが、かなり具体的になってきました。もちろん、もっと細かく考えようと思えば考えられますが、あまり細かく考えすぎてもきりがないので、とりあえずこのくらいにしておきましょうか。

なお、特に業務用のプログラムを作る時には、このように具体的な「処理の流れ」をまず考える必要があります。日本語で、適度に細かく、とにかく書き出してみてください。

対象となるデータの抽出

請求書の雛形をコピーする

今回作る「請求書作成ツール」では、請求書の雛形を用意してそれをコピーして使います。

実際の業務でも、請求書に限らず見積書や納品書といった、何か帳票を作るプログラムを作る場合、すでに使っているフォーマットがあることが多いので、それを雛形として使うことはよくあります（大抵の場合、帳票はExcelでできていますから）。

▼図8-2-1　請求書の雛形

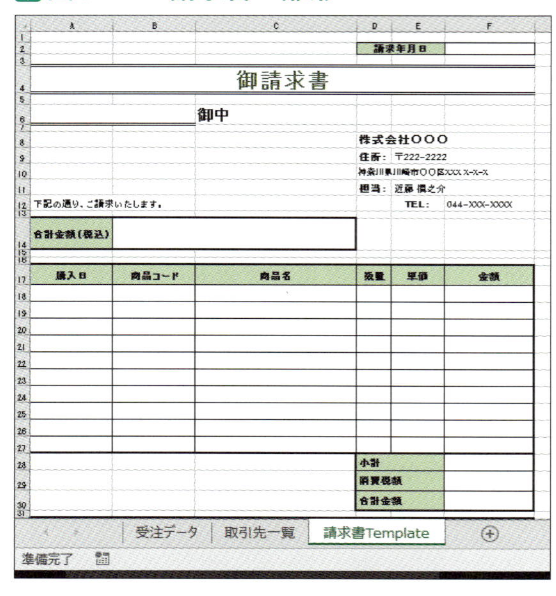

この雛形を使います。ワークシート名は「請求書Template」です

なお、雛形は別ファイルではなく、「請求書作成ツール」と同じファイルに別のワークシートとして持つことにします。ですから、請求書を作る時には、そのワークシートをコピーして使うことになるのです。

今回の「請求書作成ツール」で使う雛形は、図8-2-1のような形で、ワークシート名は「請求書Template」です。

ということで、まずはこのワークシートを、ワークシートの右端にコピーする処理から作りましょう。

ワークシートをコピーするには、Copyという命令でしたよね。

なお、このCopyのように**オブジェクトを操作する命令を、「メソッド」と言います。**これまで出てきた命令で、ワークシートを追加するAddや削除するDeleteも、オブジェクトを操作するのでメソッドです。

また、Copyメソッドの「コピーする位置」のように、メソッドに指定する項目を「引数」と言います。ここでは、「After:=」や「Before:=」が引数になります。

この「引数」ですが、「After」などの引数名を省略することもできます。省略した場合は、そのメソッドの既定の引数が指定されたとみなされます。

引数名を省略した場合、メソッドに引数が複数あると、引数の順序を変えて指定することはできません。逆に引数名を指定する場合（これを「名前付き引数」と言います）、引数の順序は変えても大丈夫です。

メソッド

用語解説

セルやワークシートなどのオブジェクトを操作する命令を、メソッドと言います。また設定する項目を、引数と言います。

さて、このCopyを使って指定したワークシートを、ワークシートの右端にコピーする方法を説明します。

サンプル「8Sho」フォルダに「8-1.xlsm」ファイルがあるので、それを開いてみてください。

このファイルには、図8-2-2のように、「4月」「5月」「6月」の3つのワークシートがあります。

図8-2-2　サンプルファイルのワークシート

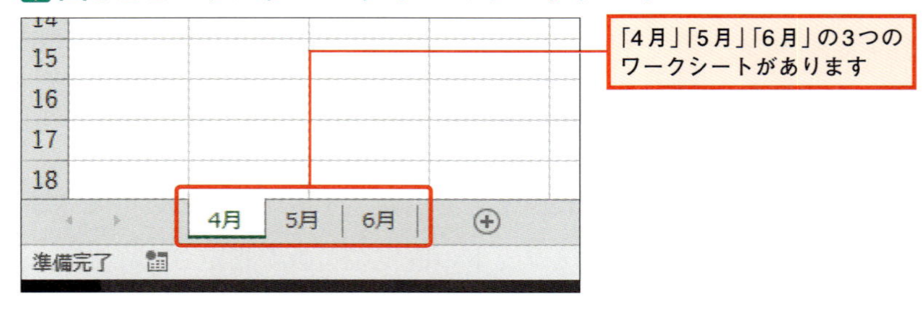

このファイルで、「4月」ワークシートをワークシートの右端にコピーするプログラムは、次のようになります。

ワークシートを右端にコピーするプログラム

```
Sub CopySample1()
    Worksheets("4月").Copy After:=Worksheets(Worksheets.Count)
End Sub
```

「8-1.xlsm」ファイルでVBEを開き、この「CapySample1」プロシージャを何度か実行してみてください。図8-2-3のようになります。

図8-2-3　実行結果

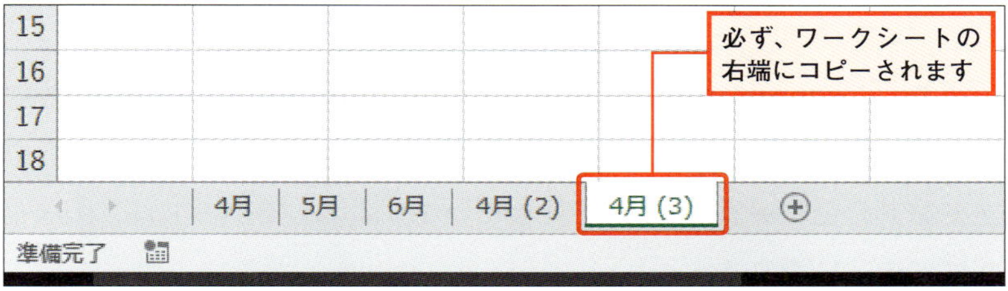

必ず、ワークシートの右端にコピーされます

少し詳しく説明しますね。

改めて、コードを見てみましょう。

右端にワークシートをコピーするコード

```
Worksheets("4月").Copy  After:=Worksheets(Worksheets.
Count)
```

「After:=」の後には、コピー先を指定するんでしたよね。今回のコードでは、コピー先が「Worksheets.Count」となっています。

これ、覚えていますか？　ワークシートの数を数える命令でしたよね。

例えば、今回のようにワークシートが3つある場合は、「Worksheets.Count」は「3」になりますよね。ですから、「After:=Worksheets(Worksheets.Count)」の部分は「After:=Worksheets(3)」という意味になって、結果、ワークシートの右端にコピーすることになるのです。

このコードが業務でよく使われるのは、ワークシートの順序はユーザーが変更してしまう可能性があるため、単純に「○○」ワークシートの右側としても、コピーされたワークシートがどこにあるか変わってしまう可能性があるためです。

なお、Countのように、ワークシートの「状態」を表す命令を「プロパティ」と言います。これまで出てきたValueやColorは、セルの値やフォントの色という「状態」を表していますよね。ですので、これらもプロパティになります。

用語解説

プロパティ

セルやワークシートなどのオブジェクトの「状態」を表す命令を、プロパティと言います。

では、このCopyを使って、請求書の雛形をコピーする処理を作りましょう。先ほどの「8-1.xlsm」は、閉じてしまって結構です。

まずは、「Seikyusho-1.xlsm」が開いていることを確認してください。閉じてしまった方は、「7Sho」フォルダに保存されているはずなので、それを開きましょう（もし、ファイルがない場合は、「8Sho」フォルダにある「Seikyusho-8章はじめ.xlsm」ファイルを使ってください。7章までに作ったプロシージャなどが、全て含まれています）。

なお、ここからの作業では、「Seikyusho-1.xlsm」ファイルはこまめに上書き保存するようにしてくださいね。

請求書の雛形をコピーする処理

「Seikyusho-1.xlsm」を開いたら、早速VBEを開きます。

「ツール」メニューの「挿入」から、標準モジュールを追加してください。

図8-2-4　標準モジュールを追加する

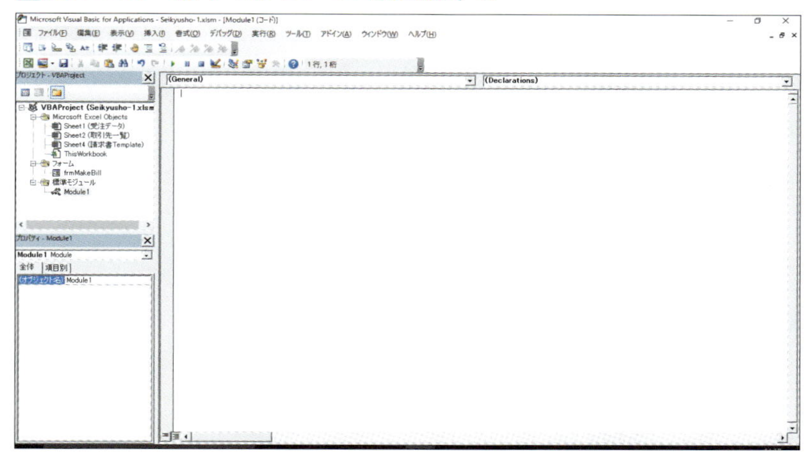

標準モジュールを追加します

標準モジュールを追加したら、次のプロシージャを入力します。

請求書を作るプログラムは、MakeBillプロシージャになります。

入力するプロシージャ

```
Sub MakeBill()
    Worksheets("請求書Template").Copy After:=Worksheets(Worksheets.Count)
End Sub
```

「請求書Template」ワークシートを右端にコピーします。このコピーされたワークシートに、請求データを表示することになります。

ところで、コピーする処理はこれだけなのですが、ここで1つ業務向けのテクニックを説明しておきましょう。

コピーしたワークシートは、この後、請求データを入力し、更に別のファイルとして保存することになります。そしてワークシートをコピーすると、「元のワークシート名(番号)」のように名前がつきます。でも、いちいちワークシート名を使って処理するコードを書くのは、ちょっと面倒ですよね。

そこで、変数を使います。

次のコードを追加しましょう。

追加したコード

```
Dim TargetSheet As Worksheet


Worksheets("請求書Template").Copy After:=Worksheets(Worksheets.Count)
Set TargetSheet = Worksheets(Worksheets.Count)
```

ここでは、追加したワークシートを変数に入れるために、変数TargetSheetを宣言しています。ワークシートを入れるので、データ型はWorksheetです。

次に、「Set TargetSheet = Worksheets(Worksheets.Count)」で、変数TargetSheetにコピーしたワークシートを入れています。ここでも「Worksheets.Count」を使っていますよね。コピーしたワークシートは右端にあるので、このコードで、変数TargetSheetにコピーしたワークシートが入ることになります。

それと、このようなオブジェクトを変数に入れる場合は、Setを使うんでしたよね。これも大切なので、思い出しておきましょう。

これで、この後コピーしたワークシートに対して、何か処理をする時には変数TargetSheetが使えます。

ところで細かいことなんですが、ここまで入力した図8-2-5の2つの「Worksheets(Worksheets.Count)」は、それぞれ表しているワークシートが違いますから気をつけてくださいね。

図8-2-5 「Worksheets(Worksheets.Count)」の対象

```
Worksheets("請求書Template").Copy After:=Worksheets(Worksheets.Count)
```

コピー前の右端のワークシート（今回は「請求書Template」ワークシート）を表します

```
Set TargetSheet = Worksheets(Worksheets.Count)
```

コピー後の右端のワークシート（今回はコピーされた「請求書Template (2)」を表します

さて、ここで変数の宣言について、少し補足しておきます。

変数は宣言して使う、と話しましたよね。実際、ここでもそうしています。でも、プログラムを作っていると、変数の数がどうしても多くなってきます。そのため、宣言することを忘れてしまうことも珍しくありません。

実は、VBAでは何も設定等しないと、変数は宣言しなくても使えてしまうのですが、変数を宣言せずに使うと、コードの中に突然VBAの命令とは異なる文字（例えば、TargetSheetとか）が出てきてしまって、プログラムを作る時はまだしも、後でプログラムを読むときに困ってしまいます（突然、知らない文字が出てくるのでとてもわかりにくいです）。

ですので、VBAの世界では「変数は宣言しなくても使えることは使えるけど、必ず宣言しましょう」というのが約束となっているのです。

とはいえ、人間のやることですから、どうしても変数の宣言を忘れてしまうこともありますよね。それを防いでくれるのが、次の命令です。

```
Option Explicit
```

この1行の命令を、図8-2-6のようにモジュールの先頭に入力します。

図8-2-6 「Option Explicit」の入力例

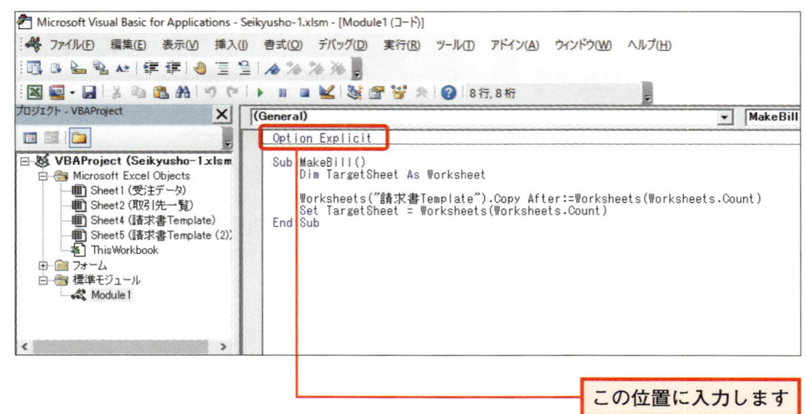

こうすると、そのモジュールでは宣言されていない変数があると、プログラムを実行する時にエラーになります。

図8-2-7 変数を宣言しない場合のエラー

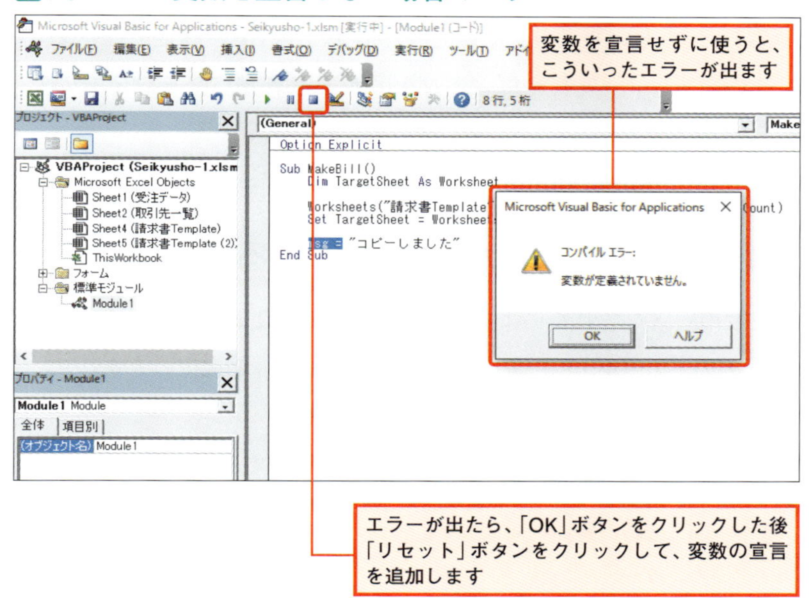

もし、変数の宣言を忘れて図8-2-7のようなエラーが出てしまったら、「OK」ボタンをクリックし、「リセット」ボタンでプログラムを停止してから、変数をきちんと宣言してください。

というわけで、皆さんも図8-2-6のように、先ほど追加した標準モジュールの先頭に「Option Explicit」と入力してください。

これで、変数を宣言しないとエラーが出て、変数の宣言漏れがないようになりました。

さて、これで変数の宣言についてはOKなのですが、いちいちこの命令を入力するのって、面倒じゃないですか？

それに、そもそもこの命令を入力することを忘れてしまいそうです。

そこで、いちいち入力しなくて済むように、VBEの設定を行います。

この設定は、**一度行えばどのファイルでも有効になる設定なので、いちいちファイルごとに設定する必要はありません。**

変数の宣言を忘れないようにする設定

変数の宣言を忘れないようにするには、次の設定を行ってください。

VBEの「ツール」メニューから、「オプション」を選択します。

8-2-8　VBEの設定を行う

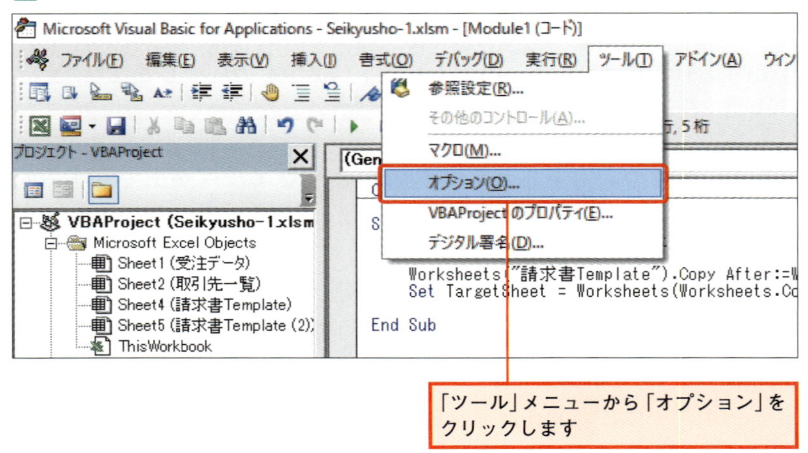

すると「オプション」ダイアログボックスが表示されるので、「編集」タブにある「変数の宣言を強制する」にチェックを入れます。

8-2-9 「オプション」ダイアログボックス

「変数の宣言を強制する」にチェックを入れ、「OK」をクリックします

これで、新たに標準モジュールやユーザーフォームを追加すると、コードを入力する画面の先頭に「Option Explicit」が自動的に入力されるようになります。

設定する前に追加したモジュールには入力される?

この設定を行う前に追加したモジュールには、自動的に「Option Explicit」は追加されません。その場合は、自分で「Option Explicit」を入力してください。

さて、変数の宣言についてはこれくらいにして、次の処理に進みましょう。「請求書」の雛形をコピーしたので、次は「受注データ一覧」から、請求書に表示するデータを探す処理を作ります。

「受注データ一覧」のデータから請求データを探す処理

請求データを探す処理を作りましょう。まずは、元となる「受注データ一覧」を確認します。

図8-2-10 「受注データ一覧」

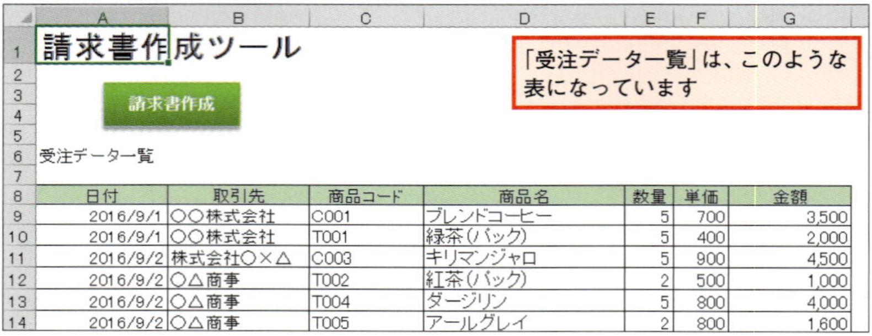

	A	B	C	D	E	F	G
1	請求書作成ツール						
2							
3		請求書作成					
4							
5							
6	受注データ一覧						
7							
8	日付	取引先	商品コード	商品名	数量	単価	金額
9	2016/9/1	○○株式会社	C001	ブレンドコーヒー	5	700	3,500
10	2016/9/1	○○株式会社	T001	緑茶(パック)	5	400	2,000
11	2016/9/2	株式会社○×△	C003	キリマンジャロ	5	900	4,500
12	2016/9/2	○△商事	T002	紅茶(パック)	2	500	1,000
13	2016/9/2	○△商事	T004	ダージリン	5	800	4,000
14	2016/9/2	○△商事	T005	アールグレイ	2	800	1,600

「受注データ一覧」は、このような表になっています

請求データを探す処理を行う際に確認しておく必要があるのは、次の3つです。

- 「受注データ一覧」は、ワークシートのどこから始まっているのか
- 対象のデータかどうかをチェックするために使うのは、どの項目か
- データは何行あるのか

そして、この3つに対する回答は、次のとおりです。

- 「受注データ一覧」はセルA8から始まっていて、見出しは1行ある（なので、データ自体はセルA9から）
- チェックするのは、「日付」と「取引先」の2つの項目
- 受注データは日々追加されるし、月ごとに件数が異なるので、「何行か」は決められない

いかがでしょうか？

こういった情報は、実際にプログラムを作る際にもとても大切ですから、皆さんも実際に「受注データ一覧」を見て確認してみてくださいね。

では、この「受注データ一覧」から指定した「取引先」「年」「月」のデータを探す処理を作りましょう。

まずはデータをチェックするのですから、条件に応じた処理を使いそうだということはわかりますよね。そこで、まずセルA9の行のデータが対象のデータかどうかをチェックするコードを考えてみます。

今回は、ひとまず「取引先」は「○○株式会社」、「年」は「2016」、「月」は「9」としましょう。

図8-2-11　対象のデータかチェックする

	A	B	C	D	E	F	G
1	請求書作成ツール						
2							
3	請求書作成						
4							
5							
6	受注データ一覧						
7							
8	日付	取引先	商品コード	商品名	数量	単価	金額
9	2016/9/1	○○株式会社	C001	ブレンドコーヒー	5	700	3,500
10	2016/9/1	○○株式会社	T001	緑茶(パック)	5	400	2,000
11	2016/9/2	株式会社○×△	C003	キリマンジャロ	5	900	4,500
12	2016/9/2	○△商事	T002	紅茶(パック)	2	500	1,000
13	2016/9/2	○△商事	T004	ダージリン	5	800	4,000
14	2016/9/2	○△商事	T005	アールグレイ	2	800	1,600

ひとまず、この行のデータをチェックします

次のコードを入力してください。最初は、「取引先」のチェックです。

追加するコード

```
Set TargetSheet = Worksheets(Worksheets.Count)
```

```
If Worksheets("受注データ").Cells(9, 2).Value = "○○株式会社" Then

End If
```

Ifを使って、セルB9の値が「○○株式会社」かチェックしています。今回は、この後の処理の都合があって、セルはRangeではなくCellsを使っています(どういう都合なのかは、この後説明しますね)。

次に「年」と「月」ですが、これは「取引先」のようにはいきません。なぜなら、「受注データ一覧」の項目は「日付」となっていて、「年」と「月」が同じ列に入力されているからです。

ここで閃いた人は、いい勘してます。

第7章でユーザーインターフェースを作りましたが、そこで出てきた関数がありましたよね。

そう、Year関数です。これを使えば、「日付」列の値から「年」を取り出すことができますよね。

更に、Yearと全く同じ使い方で、「月」を取り出すMonth関数がVBA関数にはあります。ですので、この2つの関数を使って、「日付」の列の値から「年」と「月」を取り出して、チェックすることにしましょう。

次のコードのように、コードを追加・修正してください。

追加するコード

```
Dim vDate As Date


Worksheets("請求書Template").Copy After:=Worksheets(Worksheets.Count)
Set TargetSheet = Worksheets(Worksheets.Count)
```

```
vDate = Worksheets("受注データ").Cells(9, 1).Value
If Worksheets("受注データ").Cells(9, 2).Value = "○○株式会社" _
    And Year(vDate) = 2016 And Month(vDate) = 9 Then

End If
```

ここでは、「日付」列の値を一旦、変数vDateに入れています。こうすれば、Year関数とMonth関数の2つの関数を入力するのが楽になるからです。

なお、変数を使わないと図8-2-11のようなコードになります。何度も「Worksheets("受注データ").Cells(9, 2).Value」が出てきて、入力も大変ですよね。

図8-2-11　変数を使わなかった場合

```
If Worksheets("受注データ").Cells(9, 2).Value = "○○株式会社" _
    And Year(Worksheets("受注データ").Cells(9, 2).Value) = 2016
And Month(Worksheets("受注データ").Cells(9, 2).Value) = 9 Then
```

このようにコードが長くなって、入力が大変です

このコードですが、Ifの行「"○○株式会社" _」の部分に気をつけてください。

この部分「"○○株式会社"」の後に、半角スペースを空けて「_（アンダーバー）」が入力されています。

この「_」は「行継続文字」と言って、コードが横に長くなってしまう時に、今回のコードのように改行するために使います。「_」があれば、改行されていても、1行のコードとして扱われるのです。

用語解説

行継続文字

1行のコードが長くなる時に、半角スペースに続けて「_」を入力することで、「_」の直後で改行することができます。「_」があれば、改行しても1行のコードとして扱われます。

また、今回は条件が3つですが、「And」で3つの条件をつないでいます。Andは「かつ」を意味する命令です。今回は3つの条件を全てAndでつないでいるので、「3つの条件全てを満たすかどうか」チェックすることになります。なお、「かつ」に対して、「または」を表すのはOrになります。このAndとOrを、論理演算子と呼びます。

用語解説

論理演算子

条件を表すためのAnd（かつ）とOr（または）、また否定を表すNotを論理演算子と呼びます。なお、演算子には、設定に使う「代入演算子」（「=」）や「算術演算子」（計算で使う「+」「-」など）、「比較演算子」（等しいとか大小を比べる「=」「>」「<」など）があります。

さて、ひとまず「受注データ一覧」のデータをチェックするコードができました。ただ、今のところはセルA9の行の1行をチェックするだけですよね。

だから、次は「受注データ一覧」全体をチェックするように、このコードを修正しましょう。

ここでは、「受注データ一覧」を上から順番にチェックします。言い換えれば、順番にチェックする処理を繰り返すわけです。となると、繰り返し処理の出番ですよね。

そこで、繰り返し処理を使うことにします。ただ、今回は表の大きさが処理の度に変わります（データが追加されるので）。こういった時には、ここまで紹介したFor NextやFor Each Nextではなく、もう1つの方法がよく使われます。

それは、Do Loopという繰り返し処理です。

Do Loopによる繰り返し処理

Do Loopは、何回繰り返せばいいかわからない時に使います。ちょうど今回のように、表の大きさが変わる場合に便利です。

まずは構文を見てください。

Do Loopの構文は、次の2種類があります。

Do Loopの構文1

```
Do Until/While 終了条件

  繰り返す処理

Loop
```

Doの後に、UntilまたはWhileに続けて、繰り返し処理を終わる「終了条件」を入力します。Untilはこの終了条件を満たすまで、Whileは終了条件を満たしている間、DoからLoopまでの処理を繰り返します。Doのところに終了条件があるため、場合によっては繰り返し処理そのものが行われないことがあります。

Do Loopの構文2

```
Do
    繰り返す処理
Loop Until/While 終了条件
```

基本的な考え方は「Do Loopの構文1」と同じです。ただし、終了条件がLoopの後にあります。そのため、少なくとも1回はDoからLoopの間の処理が行われます。

図8-2-12　Do Loopの終了条件の位置による処理の違い

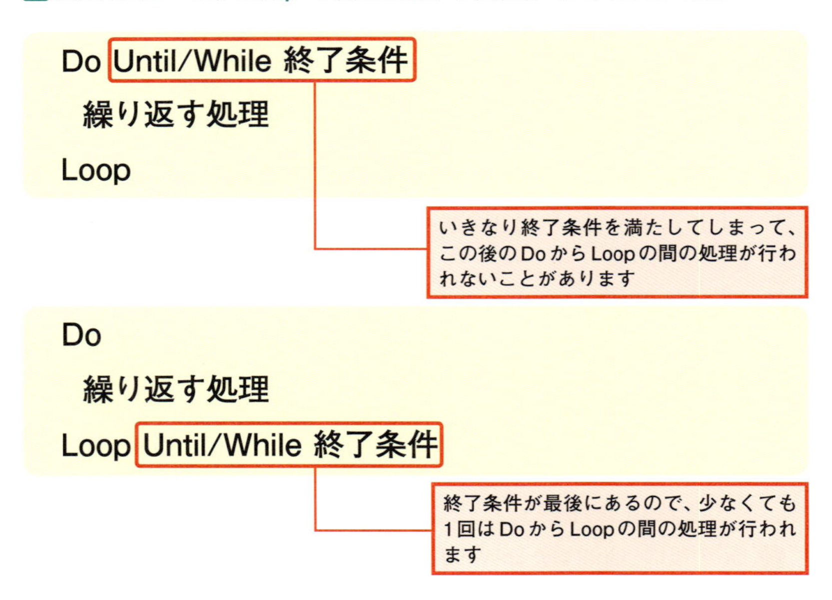

このDo Loopの処理を、先ほどの「受注データ一覧」をチェックするコードに当てはめてみます。

次のように、コードを追加・修正してください。

追加・修正するコード

```
Dim i As Long


Worksheets("請求書Template").Copy After:=Worksheets(Worksheets.Count)

Set TargetSheet = Worksheets(Worksheets.Count)


i = 9

Do Until Worksheets("受注データ").Cells(i, 1).Value = ""

    vDate = Worksheets("受注データ").Cells(i, 1).Value

    If Worksheets("受注データ").Cells(i, 2).Value = "○○株式会社" _

        And Year(vDate) = 2016 And Month(vDate) = 9 Then


    End If

    i = i + 1

Loop
```

まず、変数iを宣言します。この変数は、チェックする行を表すための変数です。

そして、「i = 9」で変数iの値を9にしています。これは、表がワークシートの9行目から始まるからです。

図8-2-13　変数iはチェック対象の行番号を表す

	A	B	C	D	E	F	G
1	請求書作成ツール						
2							
3		請求書作成					
4							
5							
6	受注データ一覧						
7							
8	日付	取引先	商品コード	商品名	数量	単価	金額
9	2016/9/1	○○株式会社	C001	ブレンドコーヒー	5	700	3,500
10	2016/9/1	○○株式会社	T001	緑茶(パック)	5	400	2,000
11	2016/9/2	株式会社○×△	C003	キリマンジャロ	5	900	4,500
12	2016/9/2	○△商事	T002	紅茶(パック)	2	500	1,000
13	2016/9/2	○△商事	T004	ダージリン	5	800	4,000
14	2016/9/2	○△商事	T005	アールグレイ	2	800	1,600
15	2016/9/3	株式会社ABC	J001	ウーロン茶	1	600	600
16	2016/9/3	株式会社ABC	J002	ほうじ茶(パック)	1	500	500
17	2016/9/3	株式会社ABC	T001	緑茶(パック)	1	400	400

表がワークシートの9行目から始まるので、「i = 9」としています。

そして、繰り返し処理の開始です。

今回は次のように、Doのところに終了条件を入れます。

繰り返し処理の最初のコード

```
Do Until Worksheets("受注データ").Cells(i, 1).Value = ""
```

これで、「受注データ」ワークシートのA列の9行目から処理を始めて（変数iが最初は9なので）、A列の値が空欄（""は空欄を表します）になるまで処理を繰り返す、という意味になります。

なお、セルを表すのにCellsを使ったのは、このように繰り返し処理で変数を使う場合、Cellsの方がRangeよりも書きやすいからです。

また、「日付」列の値を変数vDateに入れる処理（このように変数に入れる処理を、VBAでは「代入」と言います）や、Ifの処理で、Cellsの中も先ほど「9」となっていた箇所を、「i」にしています。

そして、「i = i + 1」で、変数iの値を「1」増やします。この処理で、9行目の次は10行目、次は11行目、といったように処理を繰り返すことになるのです。

用語解説

代入

変数に値を入れることを、「代入」と言います。

なお、Do Loopの処理では、For Nextのように自動的に変数の値を増やしたりはしてくれません。もしもこの「i = i + 1」を入力しないと、Do Loopの処理を抜け出せなくなってしまうので必ず入力するようにしてください(ずっと、9行目のチェックを続けてしまって、終了条件を満たすことがないので)。

なお、繰り返し処理がずっと続いてしまう状態を「無限ループ」と言います。もし、万一無限ループになってしまったら、Escキーまたは Breakキーを押し続けてくださいね。

さて、この処理なのですが、業務用なのでもう一工夫したいと思います。

今回の処理では、「受注データ一覧」のデータがワークシートの9行目から始まっています。そのため、変数iを「i = 9」としました。

もちろん、これでも構わないです。でも、セルの表し方で、ぜひ知っておいてほしいことがあるので、コードを少し変更してみましょう。

入力したコードを、次のように変更してください。

修正したコード

```
i = 1

With Worksheets("受注データ").Range("A9")
    Do Until .Cells(i, 1).Value = ""
        vDate = .Cells(i, 1).Value
        If .Cells(i, 2).Value = "○○株式会社" _
            And Year(vDate) = 2016 And Month(vDate) = 9 Then

        End If
        i = i + 1
    Loop
End With
```

変数iを「1」にした後、繰り返し処理でWithを使っています。WithはEnd Withまでの間、Withの後に入力した対象を省略できる命令でしたよね。

さて、このコード、一体何をしているのでしょうか？

まずは、「Do Until .Cells(i, 1).Value = ""」の部分を見てください。

Cellsの前に「.(ピリオド)」がありますよね。ということは、この部分は「Worksheets("受注データ").Range("A9")」が省略されているということになりますよね。

では、省略しないとどうなるかを見てみましょう。

「Worksheets("受注データ").Range("A9")」を省略しないコード

```
Do Until Worksheets("受注データ").Range("A9").Cells(i, 1).Value = ""
```

このコードの、次の部分に注目です。ただ、Cellsの中がこのままだとわかりにくいので、「Cells(i, 1)」を「Cells(3, 2)」に変えます。

このコードのポイント部分

```
Range("A9").Cells(3, 2)
```

セルを表すRangeとCellsが続けて使われています。この形、なんか変ですが、実は図8-2-14の意味になります。

図8-2-14　「Range("A9").Cells(3, 2)」とは

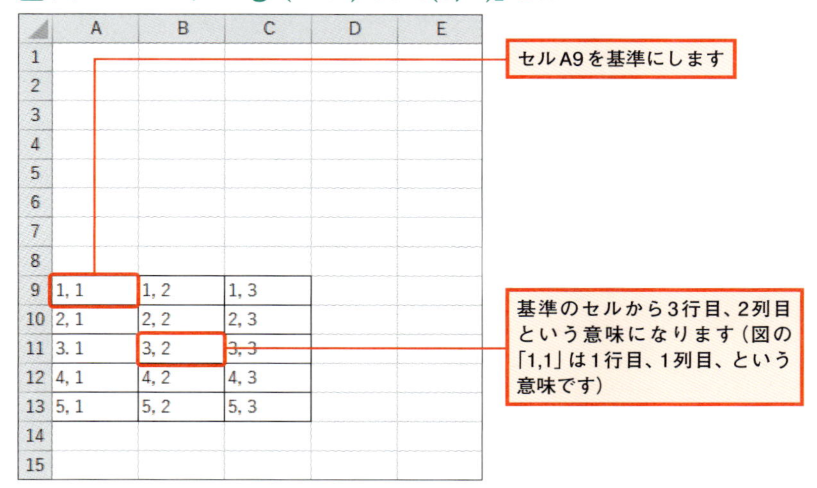

わかりますか？

Cellsのカッコ内に指定した値は、「基準としたセルから数えて何行目、何列目」という意味になるということです。

これ、どんな時に便利かというと、例えば表が次の図8-2-15のように、A列以外から始まっている時です。

図8-2-15　A列以外から始まっている表

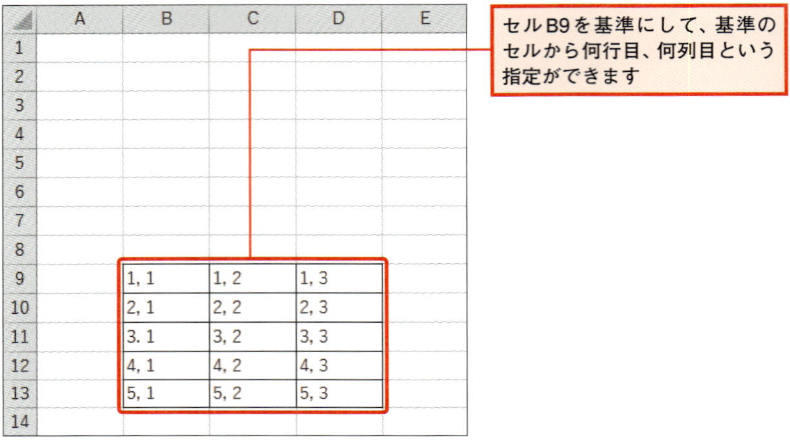

	A	B	C	D	E
1					
2					
3					
4					
5					
6					
7					
8					
9		1, 1	1, 2	1, 3	
10		2, 1	2, 2	2, 3	
11		3. 1	3, 2	3, 3	
12		4, 1	4, 2	4, 3	
13		5, 1	5, 2	5, 3	
14					

セルB9を基準にして、基準のセルから何行目、何列目という指定ができます

ここで紹介した「基準となるセル」という考え方が無いと、Cellsを使う時に、「表では3列目だけど、ワークシートだとD列だから4列目」というように考えてプログラムを作らなくてはなりません。

図8-2-16　基準となるセルが無い場合

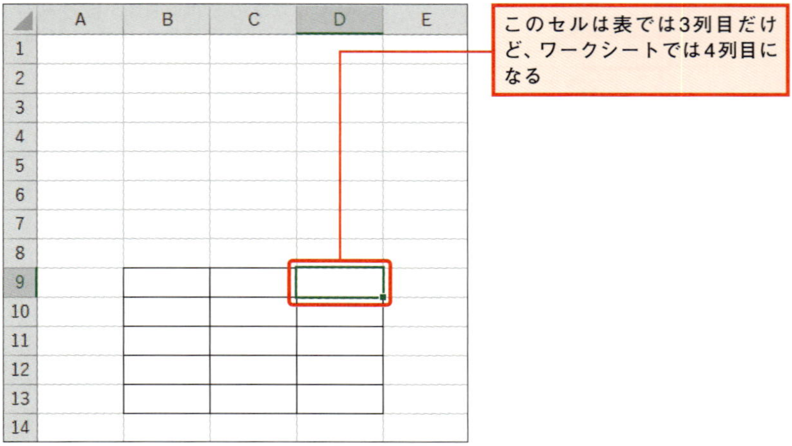

このセルは表では3列目だけど、ワークシートでは4列目になる

これは、行数についても同じです。表の1行目のデータ（見出しは除いて）なのに、ワークシートでは9行目ということが出てきます（最初のコードです）。

これって、ちょっと紛らわしくありませんか？

表に対して処理をしているのですから、表の中で何行目、何列目というように考えられると、プログラムを作る時に変に混乱しなくて済みます。

ですから、業務で作るプログラムでは、この「基準となるセル」という考え方がよく使われるのです。

ここが疑問！

「Range("B3").Range("B2")」という書き方はできる？

もちろん、Rangeを続けてもOKです。この場合、セルB3を基準（セルA1に見立てて）としたセルB2の位置、という意味になるので、ワークシート上ではセルC4となります。また、当然ですが「Cells(3, 2).Cells(2, 2)」や「Cells(3, 2).Rnage("B2")」なんて書き方もできます。

さて、改めて修正したコードを見てみましょう。

修正したコード

```
i = 1

With Worksheets("受注データ").Range("A9")
    Do Until .Cells(i, 1).Value = ""
        vDate = .Cells(i, 1).Value
```

```
        If .Cells(i, 2).Value = "○○株式会社" _
            And Year(vDate) = 2016 And Month(vDate) = 9 Then

        End If
        i = i + 1
    Loop
End With
```

セルA9を基準にしているので変数iが1から始められる、ということをしっかりと理解してください。

ところで、Withを使っているのでコードがすっきりしてませんか？

ちょっとわかりにくいかもしれませんが、メリットが多い書き方なので、ぜひ身につけてください。

以上、これで「受注データ一覧」をチェックする処理は、ほぼ完成です。

「ほぼ」と言ったのは、「取引先」や「年」「月」は実際にはユーザーインターフェースで入力された値を使うからですが、ユーザーインターフェースの値を使う処理は、仕上げとして次の第9章で行いますので、ひとまず話を先に進めます。

次は、対象のデータを請求書に入力する処理です。

請求データをコピーした請求書の雛形に入力する

データが見つかったら、請求書に入力します。請求書のどの部分に入力するかを、ひとまず図8-2-17で確認しましょう。

図8-2-17 請求書の入力部分

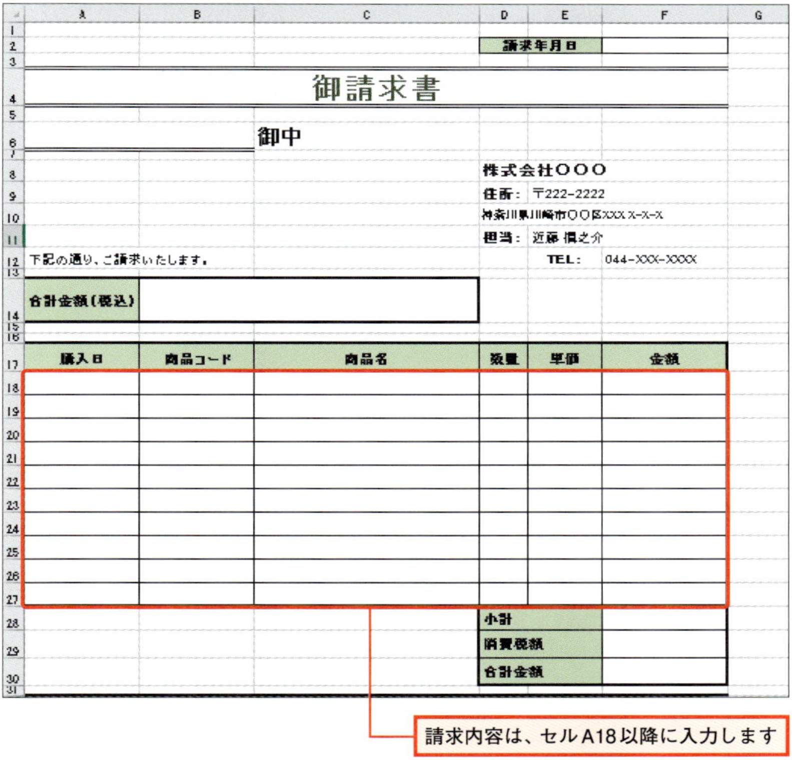

請求年月日

御請求書

御中

株式会社〇〇〇
住所： 〒222-2222
神奈川県川崎市〇〇区XXX X-X-X
担当： 近藤 慎之介
TEL： 044-XXX-XXXX

下記の通り、ご請求いたします。

合計金額（税込）	

購入日	商品コード	商品名	数量	単価	金額

小計	
消費税額	
合計金額	

請求内容は、セルA18以降に入力します

繰り返しになりますが、「請求データを入力する」と言っても皆さんが手入力するわけではありません。ここでは、VBAを使って自動で入力します。

また、「受注データ一覧」と請求書の項目を比べてみます。

図8-2-18 「受注データ一覧」と請求書

8	日付	取引先	商品コード	商品名	数量	単価	金額
9	2016/9/1	○○株式会社	C001	ブレンドコーヒー	5	700	3,500
10	2016/9/1	○○株式会社	T001	緑茶(パック)	5	400	2,000

17	購入日	商品コード	商品名	数量	単価	金額
18						
19						

それぞれの項目を比較します

両方とも、表そのものはA列から始まっています。問題は項目です。「受注データ一覧」では「日付」となっていますが、請求書では「購入日」ですね。また、請求書の方は「取引先」の列が無いので、「受注データ一覧」と比べて1列ずれています。

この辺を気をつけて、次のコードを入力してください。

入力するコード

```
Dim DataRange As Range
Dim TargetRange As Range
Dim i As Long, vRow As Long

Worksheets("請求書Template").Copy After:=Worksheets(Worksheets.Count)
Set TargetSheet = Worksheets(Worksheets.Count)
Set TargetRange = TargetSheet.Range("A18")

i = 1
vRow = 1
With Worksheets("受注データ").Range("A9")
```

```
Do Until .Cells(i, 1).Value = ""
    vDate = .Cells(i, 1).Value
    If .Cells(i, 2).Value = "○○株式会社" _
        And Year(vDate) = 2016 And Month(vDate) = 9 Then
        TargetRange.Cells(vRow, 1).Value = .Cells(i, 1).Value '「日付」列
        TargetRange.Cells(vRow, 2).Value = .Cells(i, 3).Value '「商品コード」列
        TargetRange.Cells(vRow, 3).Value = .Cells(i, 4).Value '「商品名」列
        TargetRange.Cells(vRow, 4).Value = .Cells(i, 5).Value '「数量」列
        TargetRange.Cells(vRow, 5).Value = .Cells(i, 6).Value '「単価」列
        TargetRange.Cells(vRow, 6).Value = .Cells(i, 7).Value '「金額」列
        vRow = vRow + 1
    End If
    i = i + 1
Loop
End With
```

順番に見ていきましょうか。

まずは、変数の宣言です。今回は2つの変数を追加しました。TargetRangeとvRowです。

TargetRangeですが、これは請求書にデータを表示する時の基準となるセルを入れるための変数です。また、vRowは請求書の行番号を表します。

すでに「受注データ一覧」では、行番号を表す変数iを使っていますが、請求書の行番号とは異なりますよね。そこで、もう1つ変数を用意したのです。

さて、この変数の宣言の仕方に注目してみてください。

変数の宣言方法

```
Dim i As Long, vRow As Long
```

1行で2つの変数を宣言しています。変数の宣言は、このようにまとめて行うこともできます。ただし、**データ型はそれぞれきちんと設定してくださいね。**

こうすると、プログラム全体の行数が少なくなるだけではなく、変数iと変数vRowは同じような目的で使う変数なんだな、ということがわかります。

次に、「Set TargetRange = TargetSheet.Range("A18")」で、変数TargetRangeに請求書の基準となるセルを代入しています。また、変数vRowには1を代入しています。

さて、いよいよ次の部分で、請求書に見つかったデータを表示します。

データを表示するコード

```
TargetRange.Cells(vRow, 1).Value = .Cells(i, 1).Value    '「日付」列
TargetRange.Cells(vRow, 2).Value = .Cells(i, 3).Value    '「商品コード」列
TargetRange.Cells(vRow, 3).Value = .Cells(i, 4).Value    '「商品名」列
TargetRange.Cells(vRow, 4).Value = .Cells(i, 5).Value    '「数量」列
TargetRange.Cells(vRow, 5).Value = .Cells(i, 6).Value    '「単価」列
TargetRange.Cells(vRow, 6).Value = .Cells(i, 7).Value    '「金額」列
```

「受注データ一覧」のセルの値を、請求書に表示するためのコードです。ちょっと長めなので戸惑うかもしれませんが、「受注データ一覧」のそれぞれの列の値を、請求書のそれぞれの列に表示しています。

ただ、先ほど確認したように、列番号は「受注データ一覧」と請求書では異なるので、そこは注意してください。

そして、最後に「vRow = vRow + 1」として、変数vRowの値を1つ増やします。これで、次にデータが見つかった時に、請求書の次の行にデータを表示することができるのです。

結構、コードを入力しましたよね。

ここで一旦、ファイルを上書き保存しておきましょう。そしてせっかくなので、一度動作チェックをしてみましょうか。

MakeBillプロシージャ(今作っているのは、このプロシージャでしたよね)を実行してください。

図8-2-19 元のデータ

	日付	取引先	商品コード	商品名	数量	単価	金額
7							
8	日付	取引先	商品コード	商品名	数量	単価	金額
9	2016/9/1	○○株式会社	C001	ブレンドコーヒー	5	700	3,500
10	2016/9/1	○○株式会社	T001	緑茶(パック)	5	400	2,000
11	2016/9/2	株式会社○×△	C003	キリマンジャロ	5	900	4,500
12	2016/9/2	○△商事	T002	紅茶(パック)	2	500	1,000
13	2016/9/2	○△商事	T004	ダージリン	5	800	4,000
14	2016/9/2	○△商事	T005	アールグレイ	2	800	1,600
15	2016/9/3	株式会社ABC	J001	ウーロン茶	1	600	600
16	2016/9/3	株式会社ABC	J002	ほうじ茶(パック)	1	500	500

今回の条件は、「取引先」が「○○株式会社」で「年」が「2016」、「月」が「9」なので、このデータが請求書に表示されるはずです

実行結果は、図8-2-20のようになります。

図8-2-20　実行結果

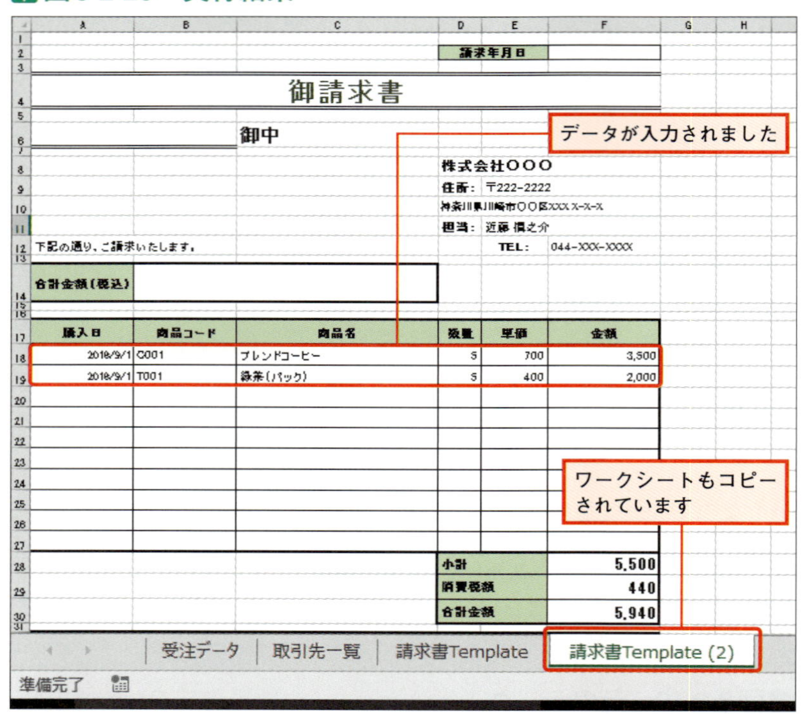

ここまでは、きちんと動いていますよね。だいぶ説明が長くなったので、ここで一旦、区切りましょう。

次の8-3では、請求書に計算式を設定したり、残りの情報（取引先名や請求年月日）を表示します。そして、作った請求書を別のファイルとして保存します。

請求書のその他の項目の入力と保存

合計金額や消費税額など、計算で求める値は計算式を設定する

まずは、合計金額や消費税額など計算式を設定しましょう。

今回、計算式を設定するのは、図8-3-1の部分です。

▼図8-3-1　計算式を設定する力所

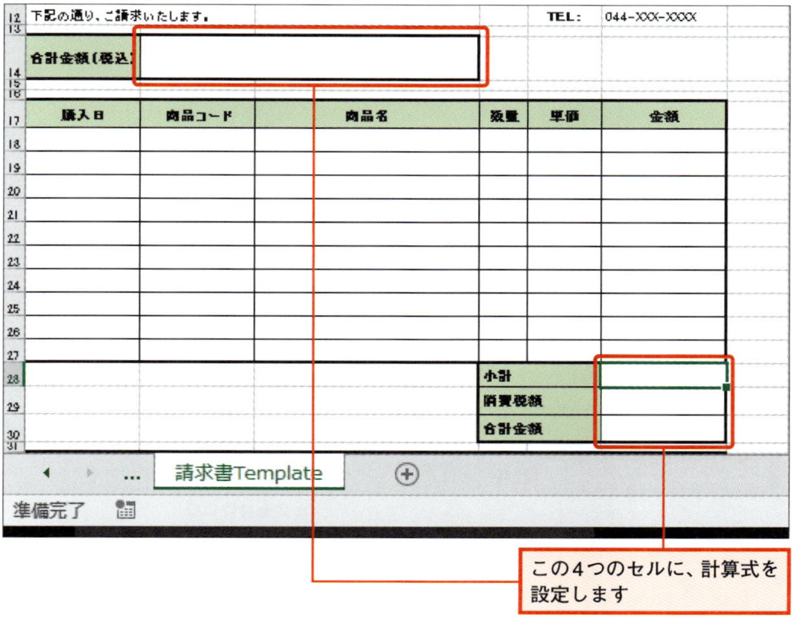

この4つのセルに、計算式を設定します

早速ですが、サンプル「Seikyuho-1.xlsm」のMakeBillプロシージャに、次のコードを追加してください。

追加するコード

```
    Loop
    TargetSheet.Range("F28").Formula = "=SUM(F18:F27)"   '「小計」
    TargetSheet.Range("F29").Formula = "=F28 * 0.08"     '「消費税額」
    TargetSheet.Range("F30").Formula = "=F28 + F29"      '「合計金額」
    TargetSheet.Range("B6").Formula = "=F30"             '請求額
End With
```

セルに計算式を設定するには、Formulaを使います。「=」に続けて、普段皆さんがExcelでセルに入力する計算式と同じように入力してください。ただし、「"（ダブルクォーテーション）」で囲むことは忘れないでくださいね。

後は、請求年月日と請求先です。まず、入力するセルを確認しましょう。

図8-3-2　請求情報を入力するセル

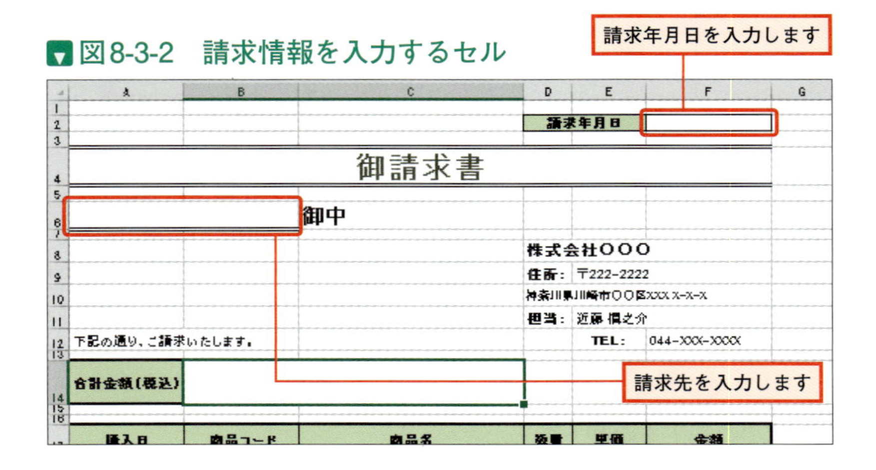

次のコードを入力してください。

追加するコード

```
    TargetSheet.Range("F30").Formula = "=F28 + F29"  '「合計金額」
    TargetSheet.Range("B6").Formula = "=F30"    '請求額
    TargetSheet.Range("F2").Value = Date    '「請求年月日」
    TargetSheet.Range("A6").Value = "○○株式会社"   '「請求先」
End With
```

「請求年月日」は、セルF2です。Date関数使っています。

Date関数は、その日の日付を求めるVBA関数ですので、これで請求書を作った日の日付が、「請求年月日」に表示されます。

また、「請求先」はセルA6です。ここでは、ひとまず「○○株式会社」を入れています。最終的には、ユーザーインターフェースで指定された取引先を入れますが、ここではこのようにしておきましょう（なお、ユーザーインターフェースで指定された取引先を入力する処理については、第9章で説明します）。

さて、これでとりあえず請求書に表示するデータが揃いました。

動作確認しておきましょう。

MakeBillプロシージャを実行してください。

図8-3-3　実行結果

請求年月日　平成28年7月26日

御請求書

○○株式会社　御中

株式会社○○○
住所：〒222-2222
神奈川県川崎市○○区XXX X-X-X
担当：近藤 慎之介
TEL：044-XXX-XXXX

下記の通り、ご請求いたします。

合計金額(税込)　¥5,940

購入日	商品コード	商品名	数量	単価	金額
2016/9/1	C001	ブレンドコーヒー	5	700	3,500
2016/9/1	T001	緑茶(パック)	5	400	2,000

小計	5,500
消費税額	440
合計金額	5,940

合計金額や請求年月日などの情報も表示されました

これで、請求書としての形はとりあえず整いました（何度も言いますが、実際にはユーザーインターフェースで指定した「取引先」「年」「月」のデータで請求書を作ります。この処理については、第9章で説明します）。

最後に、請求書を別のファイルとして保存する方法について説明しておきますね。

請求書を別のファイルにコピーする

作成した請求書を、別のファイルとして保存します。今回は、新しくファイルを作成し、そのファイルの1つ目のワークシートに作ったワークシートをそのままコピーします。

まずは、ワークブックを新規に作って、請求書のデータをコピーする処理です。

早速、コードを入力しましょう。

入力するコード

```
Dim TargetRange As Range
Dim BillBook As Workbook
Dim i As Long, vRow As Long

省略

    TargetSheet.Range("A6").Value = "○○株式会社"   '「請求先」
End With

Set BillBook = Workbooks.Add
TargetSheet.Cells.Copy BillBook.Worksheets(1).Range("A1")
```

まず、新規に作ったファイルを代入する変数BillBookを宣言します。ワークブックを代入するので、Workbook型になります。

そして、Addを使って新規にファイルを作ります。この時、ファイルを作ると同時に、変数に代入している点に注意してください。

Addは、こういった書き方ができます。
そして、次のコードで請求書のデータをコピーします。

請求書のデータをコピーするコード

```
TargetSheet.Cells.Copy BillBook.Worksheets(1).Range("A1")
```

まずは、「TargetSheet.Cells」です。TargetSheetは、請求書のワークシートを表すんでしたよね。
そして、続けて「.Cells」とあります。**Cellsは、このように書いた場合には、「ワークシートの全てのセル」という意味になります。**
そして、Copyです。Copyは、セルをコピーする命令です。
最後に、Copyに続けて半角スペースを空けて、「BillBook.Worksheets(1).Range("A1")」と入力しています。
これは、コピーしたセルの貼り付け先です。**Copyは、このように貼り付け先を指定することができます。**今回は、新たに作ったファイルの1つ目のワークシートのセルA1に貼り付けます。

これで、請求書データのコピーは完了です。

なお、セルをコピーするCopyは、「貼り付け」を表すPasteや「形式を選択して貼り付け」を表すPasteSpecialと組み合わせて使うことがあるので、サンプルで確認しておきましょう。
それぞれ、サンプル「8Sho」フォルダの「8-2.xlsm」ファイルを開いて、次のサンプルを実行してください。

Pasteのサンプル

```
Sub CopySample1()
    Range("A1").Copy              'セルA1をコピーする
    Range("B1").Activate          'セルB1をアクティブにする
    Worksheets("Sheet1").Paste    '貼り付ける
End Sub
```

図8-3-4 実行結果

	A	B	C	D
1	VBA	VBA		
2				
3				
4				
5				

セルA1がセルB1に
コピーされました

PasteSpesialのサンプル

```
Sub CopySample2()
    Range("A1").Copy      'セルA1をコピーする
    'セルB2に値のみ貼り付ける
    Range("B2").PasteSpecial xlPasteValues
End Sub
```

図8-3-5 実行結果

	A	B	C	D
1	VBA			
2		VBA		
3				
4				
5				

セルB2に値のみ
貼り付けられました

PasteSpecialは、「形式を選択して貼り付け」る命令です。よく使われるのはサンプルにある「値貼り付け」ですが、その他の貼り付け方を指定するには、図8-3-6の値を指定します。

▼図8-3-6　PasteSpecialで指定できる値

値	意味
すべて	xlPasteAll
数式	xlPasteFormulas
値	xlPasteValues
書式	xlPasteFormats

さて、後はファイルの保存ですね。

請求書を別のファイルとして保存する

ファイルを保存するには、SaveAsという命令を使います。

まずは構文を確認しましょう。

▼SaveAsの構文

```
対象のファイル.SaveAs 保存先ファイル名
```

「対象のファイル」は、保存するファイルを指定します。「保存先ファイル名」には、保存先をファイル名含めて指定します。

では、このSaveAsを使って、先ほどAddを使って新しく作ったファイルを保存するコードを追加しましょう。

追加するコードは、たった1行です。

追加するコード

```
    TargetSheet.Cells.Copy BillBook.Worksheets(1).Range("A1")
    BillBook.SaveAs ThisWorkbook.Path & "¥○○株式会社請求書.xlsx"
End Sub
```

今回保存するファイルは変数BillBookに入っていますから、この変数を使います。そして、「保存先ファイル名」は、「ThisWorkbook.Path & "¥○○株式会社請求書.xlsx"」としています。

これ、ちょっと詳しく説明しますね。

まず「ThisWorkbook.Path」ですが、これはこのブック（つまりこのプログラムを入力しているファイル）が保存されているフォルダを表します。例えば、CドライブのDataフォルダの「8Sho」フォルダにこのファイルが保存されていれば、「ThisWorkbook.Path」は「C:¥Data¥8Sho」となります。

つまり、今回は請求書のファイルを、「請求書作成ツール」と同じフォルダに保存しようということになるわけです。

そして、次に「& "¥○○株式会社請求書.xlsx"」としています。

「&」は、文字をつなげる命令です。そして「"¥○○株式会社請求書.xlsx"」ですが、これが実際のファイル名になります。

ポイントは「¥」です。この記号は、フォルダ名とフォルダ名やフォルダ名とファイル名の区切りを表します。ファイル名の前には必要なので、忘れないようにしましょう。

以上、これで完了です。

一旦、「Seikyusho-1.xlsm」を上書き保存して、動作を確認しましょう。

図8-3-7　実行結果

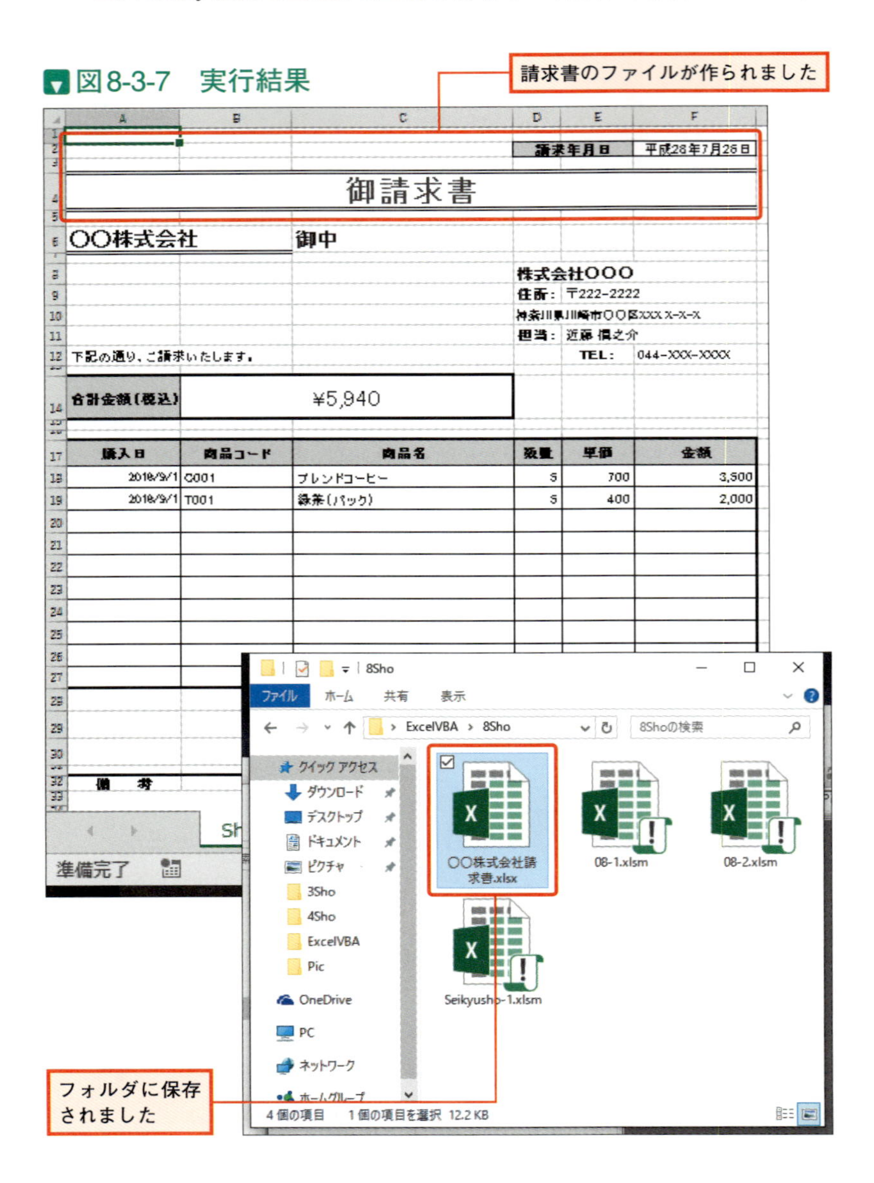

これで、保存の処理は完了です。

ひとまず請求書を作るところまではできたので、この章はここまでにします。「Seikyusho-1.xlsm」ファイルを上書き保存しておきましょう。

次は、いよいよ最後の章になります。

「請求書作成ツール」の仕上げとして、ユーザーインターフェースで選択されたデータを元に請求書を作るようにします。また、業務用のプログラムではエラーが出てしまった時の対処も必要ですので、エラー処理についてもきっちりと説明しますからね。

エクセルVBAの
プログラミングを
はじめから
じっくりと。

「請求書作成ツール」を仕上げる

9-1 「請求書作成ツール」を仕上げる

ユーザーインターフェースの情報を利用するには

ユーザーインターフェースから請求書を作る

繰り返しになりますが、「請求書作成ツール」では、ユーザーインターフェースの情報を元に請求書を作ります。

請求書を作る処理は前章でできているので、あとやることは次の2つです。

(1) ユーザーインターフェースの「作成」ボタンをクリックして、請求書を作れるようにする

(2) ユーザーインターフェースで選択された「取引先」「年」「月」のデータを使って請求書を作る

図9-1-1 「作成」ボタンをクリックして請求書を作る

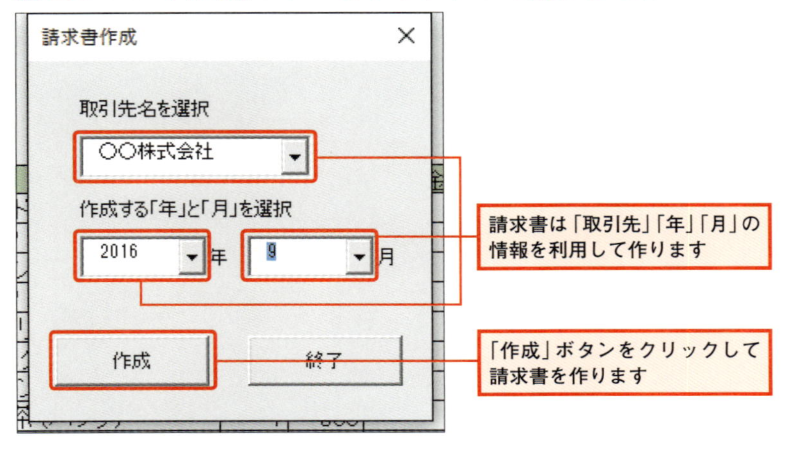

(1)の処理はなんとなく想像できると思いますが、問題は(2)の処理です。

請求書を作るプロシージャは、MakeBillプロシージャでしたよね。このプロシージャは、標準モジュールに入力しました。

では、どうやってMakeBillプロシージャ実行するときに、ユーザーインターフェースで選ばれている「取引先」「年」「月」の情報を利用するのでしょうか？

実は、**プロシージャは関数やメソッドのように、「引数」を指定する方法があるのです。**

ちょっとピンと来ないと思いますから、早速サンプルで確認しましょう。

「引数」を指定できるプロシージャ

サンプル「9Sho」フォルダに保存されている「9-1.xlms」ファイルを開いてください。VBEを開き、入力されているプログラムを確認しましょう。

まず見て欲しいのは、次の2つのプロシージャです。

ArgSample1を呼び出すプロシージャ

```
Sub Sample1()
    ArgSample1 "Excel", "VBA"
End Sub
```

Sample1から呼び出されるプロシージャ

```
Sub ArgSample1(ByVal str1 As String, ByVal str2 As String)
    MsgBox str1 & str2
End Sub
```

ひとまず、Sample1プロシージャを実行してみてください。

実行するのはSample1プロシージャです。間違わないでくださいね。

図9-1-2　実行結果

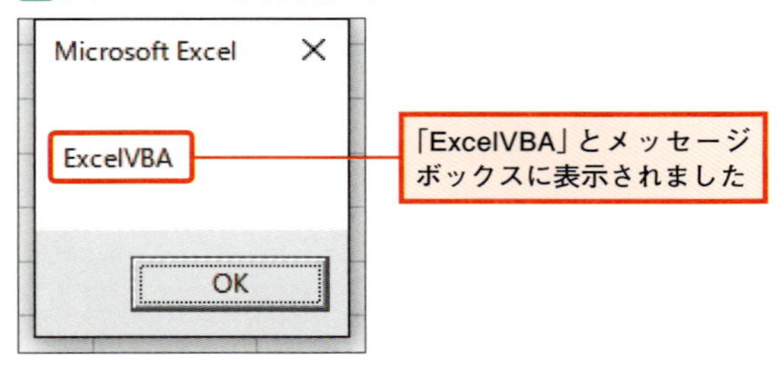

実行結果を確認したら、実行したSample1プロシージャのコードを見てみましょう。

Sample1プロシージャのコード

```
ArgSample1 "Excel", "VBA"
```

ここには、メッセージボックスを表示するMsgBoxという命令はありませんよね。その代わり、ArgSample1というプロシージャを呼び出しています。ただ、「じゃんけんゲーム」でプロシージャを呼び出す時と違うのは、同じ行にカンマで区切って「Excel」と「VBA」という文字を指定しているという点です。

実際に、呼びだされたArgSample1プロシージャを見てみましょう。

Sample1から呼び出されるプロシージャ

```
Sub ArgSample1(ByVal str1 As String, ByVal str2 As String)
    MsgBox str1 & str2
End Sub
```

Subの後に、ArgSample1とあります。ここまではいいですよね。問題はその次です。

今まで見てきたSubプロシージャは、例えば「Sub VarSample1()」のように、プロシージャ名（VarSample1）の後に「()」がありましたが、カッコの中には何もありませんでした。

しかし、今回はカッコの中にも命令が入力されています。

実は、プロシージャはこのように、カッコ内に命令を入力することができるのです。そして、この命令を「引数」と言います。

引数と言えば、メソッドで出てきましたよね。メソッドでは、引数の値を使って処理しました。これと同じように、プロシージャも引数を指定し、その値を使って処理することができるのです（図9-1-3）。

図9-1-3　引数を取るプロシージャ

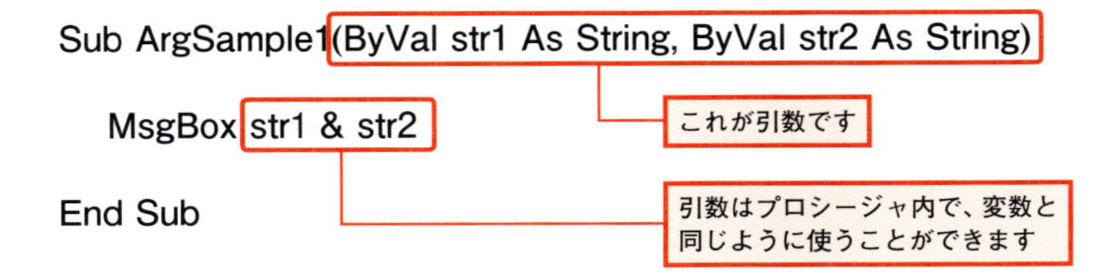

この処理の流れを、次の図9-1-4で確認しましょう。

図9-1-4　引数を使ったプロシージャの処理の流れ

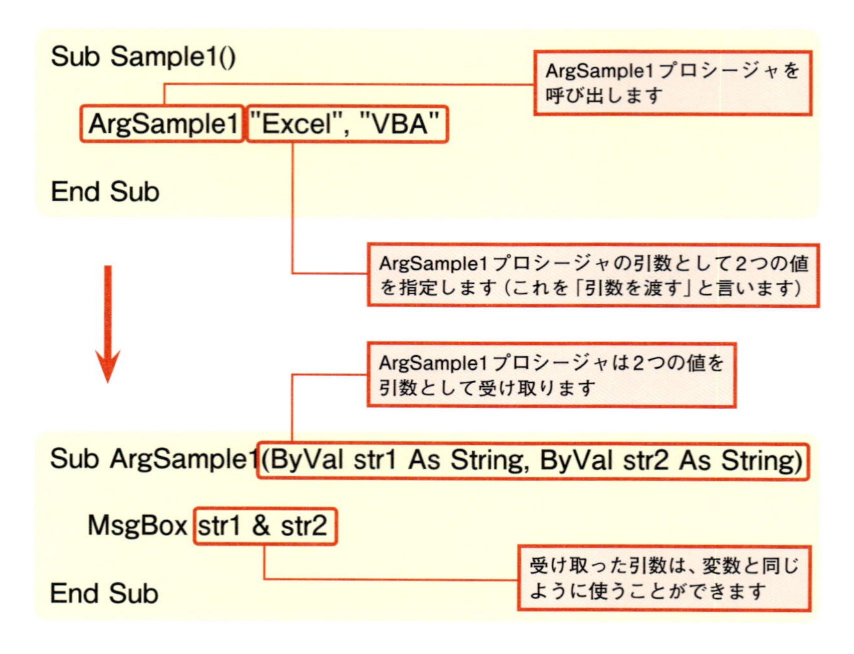

プロシージャの引数という考え方は、慣れるまで難しいと思います。しかし、「引数」という考え方そのものはメソッドやVBA関数でも出てきますし、基本的に同じように考えて大丈夫です。少しずつ慣れるようにしてください。

流れはわかりましたか？

まずは、この処理の流れを理解することが大切です。そして流れが理解できたら、次は引数を指定する部分についてです。

引数の指定方法

ArgSample1プロシージャの最初の行は、次のようになっています。

ArgSample1プロシージャの最初の行

```
Sub ArgSample1(ByVal str1 As String, ByVal str2 As String)
```

このカッコの中が引数だ、という説明はしましたよね。あと理解しなくてはならないのが、引数の指定方法です。

引数を指定している部分だけを抜き出してみましょう。

図9-1-5を見てください。

図9-1-5 ArgSample1プロシージャの引数を指定する部分

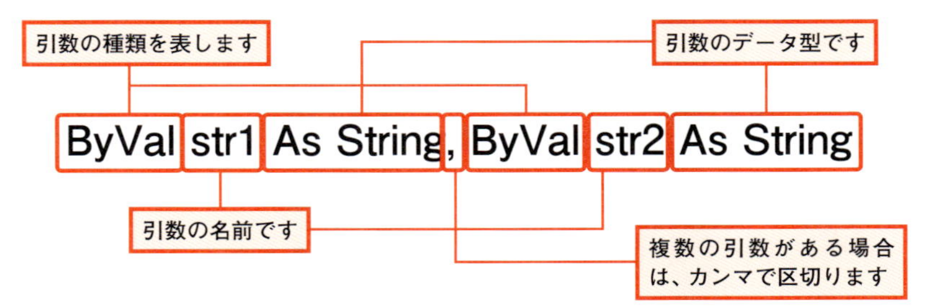

最初のByValについてはこの後すぐ説明するので、一旦飛ばします。

「str1」と「str2」は、引数の名前です。

そして「As String」で、この2つの引数のデータ型をそれぞれ指定しています。データ型は、変数のデータ型と同じです。また、今回のように複数の引数がある場合は、カンマで区切って指定します。

これが、引数を使うプロシージャの基本形です。

なお、この引数を指定する方法ですが、今見てきたSubプロシージャだけではなく、Functionプロシージャでも同じように使えます。

こちらもサンプルを見てみましょう。「9-1.xlsm」ファイルにある、次の2つのプロシージャを見てください。

Functionプロシージャを呼び出すプロシージャ

```
Sub Sample2()
    MsgBox Tax(100)
End Sub
```

Sample2から呼び出されるFunctionプロシージャ

```
Function Tax(ByVal Price As Currency) As Currency
    Tax = Price * 0.08
End Function
```

このFunctionプロシージャは、引数Priceに受け取った値に0.08掛けた結果を返します。要は、消費税額を計算するFunctionプロシージャということになります。

実際に、Sample2プロシージャを実行してみましょう（図9-1-6）

図9-1-6　実行結果

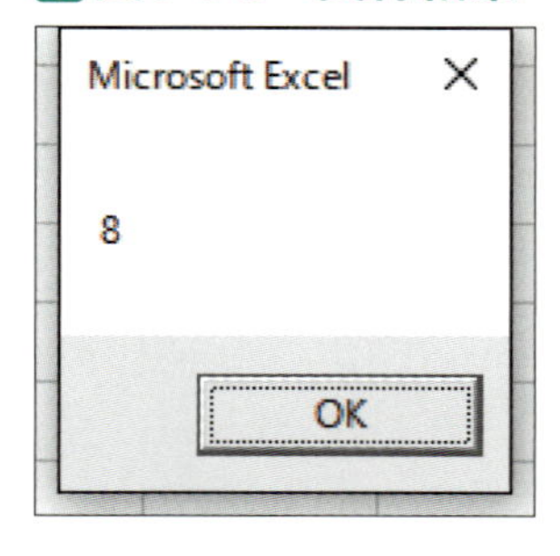

消費税額が計算されました

なお、ここでFunctionプロシージャを呼び出す時に、「Tax(100)」と引数をカッコで囲みました。Functionプロシージャの場合、処理結果が返ってきますよね。返っていた値を使う場合(このコードで、MagBoxを使ってメッセージボックスに表示します)、引数はカッコで囲まなくてはなりません。

先ほどの、引数を指定してSubプロシージャを呼び出した時は、Subプロシージャなので、処理結果が返ってきませんから、カッコで囲まなかったのです。

さて、次は先ほどの説明でまだ残っている、「ByVal」について見ていきましょうか。

「ByVal」について

「ByVal」は「引数の種類」だという説明をしました。VBAの場合、引数の種類はByValとByRefの2つがあります。それぞれどういう意味かというと、こちらもサンプルを見たほうが早いので、「9-1.xlsm」ファイルにある次のサンプルを見てください。

ArgSample3プロシージャを呼び出す

```
Sub Sample3()
    Dim a As String
    Dim b As String

    a = "ByVal元"
    b = "ByRef元"
```

```
    ArgSample3 a, b     'ArgSample2を呼び出します

    MsgBox "aの値：" & a
    MsgBox "bの値：" & b
End Sub
```

Sample3から呼び出されるプロシージャ

```
Sub ArgSample3(ByVal c As String, ByRef d As String)
    c = "ByVal変更"
    d = "ByRef変更"
End Sub
```

まずは、処理の流れを見てみましょう。

図9-1-7　Sample3プロシージャの処理の流れ

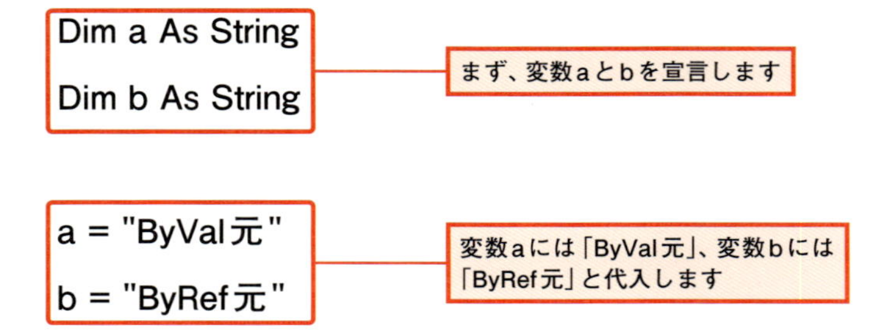

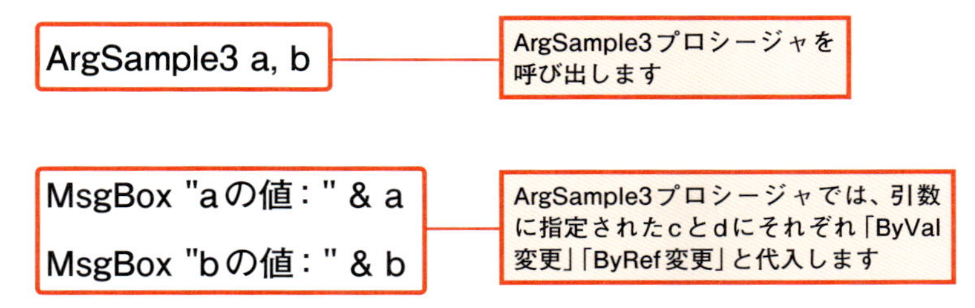


```
End Sub

Sub ArgSample3(ByVal c As String, ByRef d As String)
```

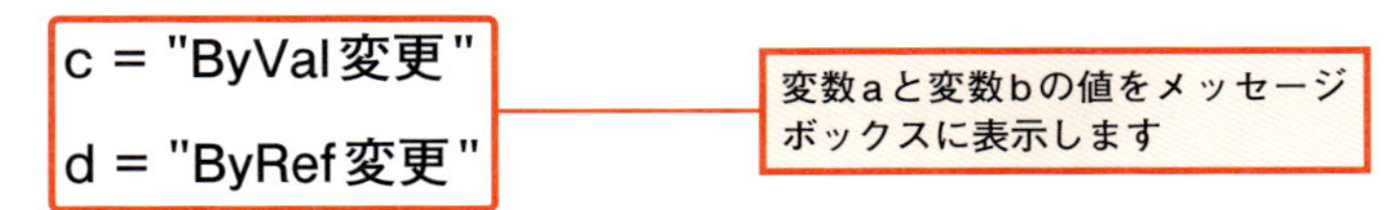


```
End Sub
```

ひとまず、動作を確認します。Sample3プロシージャを実行してみましょう。

図9-1-8 実行結果

問題は変数bの値です。

変数bには、「ByRef元」という文字を代入しました。でも、メッセージボックスに表示された文字は違いますよね。

ここで、ArgSample3プロシージャを呼び出すコードを見てみましょう。

ArgSample3を呼び出すコード

```
ArgSample3 a, b
```

変数bは2番目の引数になっています。

では、ArgSample3プロシージャの最初の行を見てみます。

ArgSample3プロシージャの最初の行

```
Sub ArgSample3(ByVal c As String, ByRef d As String)
```

ArgSample3プロシージャの1つ目の引数はcでByValが、2つ目の引数はdという名前でByRefが、それぞれ付けられています。

その後、引数cとdには、次のように文字を代入しています。

引数に文字を代入するコード

```
c = "ByVal変更"
d = "ByRef変更"
```

ちょっと整理すると、図9-1-9のようになります。

図9-1-9 処理の流れを整理する

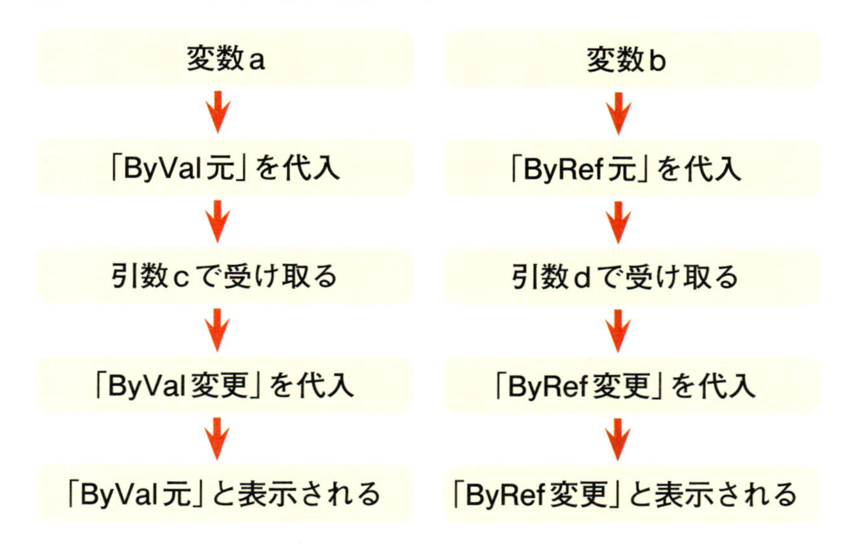

ポイントは、ArgSample3プロシージャ内で代入した値が、変数aは反映されていませんが、変数bは反映されている点です。

このように、引数にByRefをつけると、プロシージャ内で引数の値を変更すると、呼び出し元（ここでは変数b）の値も変わってしまうのです。なんだか勝手に変わってしまって、ちょっと困りますよね。

ところで、よくWebなどでこの「ByVal」や「ByRef」を省略して引数を指定しているサンプルがあります。でもVBAでは、これらを省略すると引数は「ByRef」を指定したとみなされてしまいます。となると、先ほど見た「勝手に値が変わってしまう」ということになりかねませんから、引数の指定では、基本的に「ByValとつける」と覚えておきましょう。

なお、ByValがついた引数を「値渡し」、ByRefがついた引数を「参照渡し」と呼びます。

Subプロシージャで引数を使う方法については、これで十分でしょう。

では、この仕組みを使って、MakeBillプロシージャにユーザーインターフェースで選ばれた「取引先」「年」「月」の情報を渡すようにしましょう。

MakeBillプロシージャにユーザーインターフェースの値を渡す

ユーザーインターフェースで選ばれた「取引先」「年」「月」の情報を、請求書を作るMakeBillプロシージャに渡すようにコードを追加、修正します。

まずは、「取引先」「年」「月」を渡す方からです。次のように、「作成」ボタンをクリックした時のプロシージャ（これ、イベントプロシージャと言うんでしたよね）を作ります。

「Seikyusho-1.xlsm」を開いてください（サンプル「9Sho」フォルダの「Seikyusho-9章はじめ.xlsm」ファイルを使っても結構です）。

VBEを開き、ユーザーフォームをVBEに表示します（図9-1-10）。

図9-1-10　ユーザーフォームをVBEに表示する

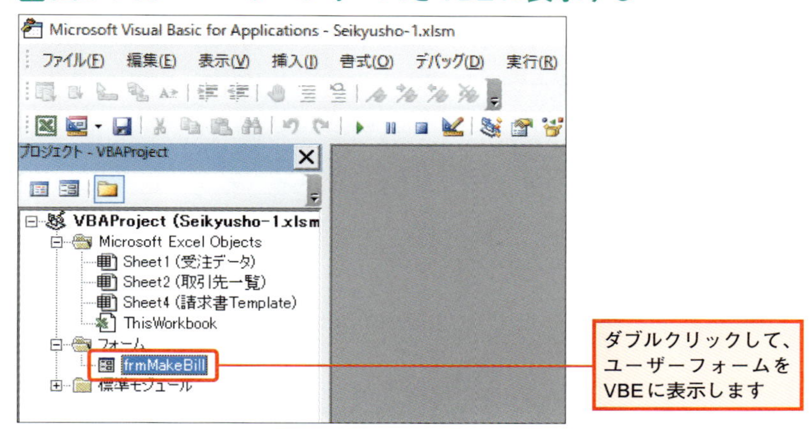

続けて、「作成」ボタンのコードを表示します（図9-1-11）。

図9-1-11　「作成」ボタンのコードを表示

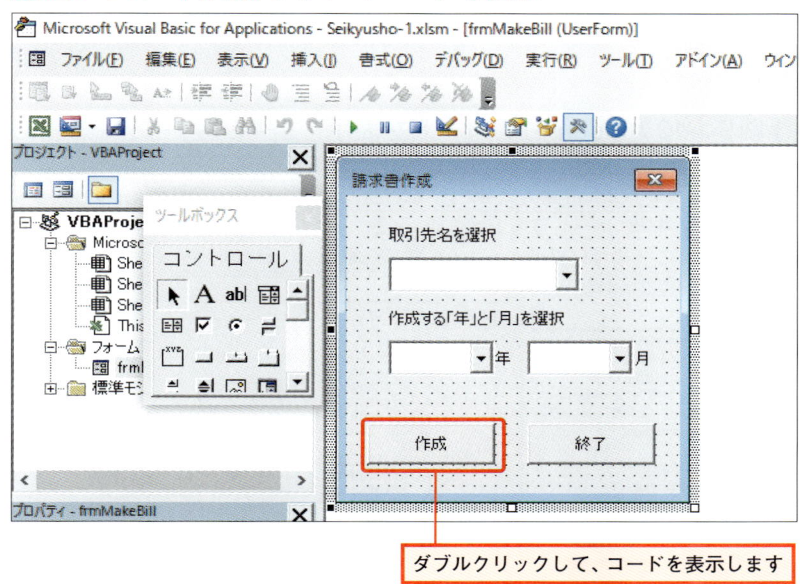

プロシージャは自動的に作られるんでしたよね。プロシージャができたら、次のコードを入力してください。「取引先」「年」「月」の3つの値を、MakeBillプロシージャに渡すようにします。

「作成」ボタンをクリックした時のプロシージャ

```
Private Sub btnMakeBill_Click()

    MakeBill cmbCompany.Text, cmbYear.Text, cmbMonth.Text

End Sub
```

ユーザーフォームに置いたコントロールには、それぞれ名前がついていましたよね。そこに入力されている文字を、Textという命令を使って取り出して、引数としてMakeBillプロシージャに渡しています。

これで、「作成」ボタンの方はOKです。次の「標準モジュール」に入力したMakeBillプロシージャが、引数を受け取れるようにしましょう。

まずは、MakeBillプロシージャを表示します。

図9-1-12　Module1のコードを表示

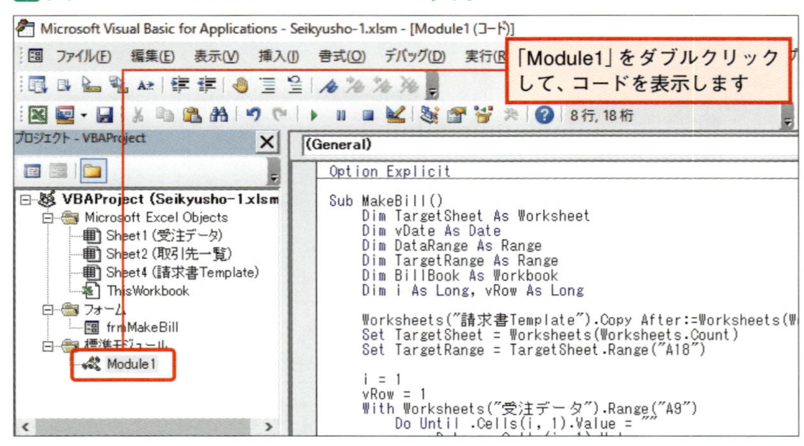

コードを表示したら、プロシージャの最初の行を次のように修正してください。

修正するコード

```
Sub MakeBill(ByVal vCompany As String, ByVal vYear
As Long, ByVal vMonth As Long)
```

ここでは、引数は3つですね。順番に「取引先」「年」「月」を表します。

次に、この引数をプログラム内で使うようにコードを修正します。次のように修正してください。

修正するコード

```
    With Worksheets("受注データ").Range("A9")

        Do Until .Cells(i, 1).Value = ""

            vDate = .Cells(i, 1).Value

            If .Cells(i, 2).Value = vCompany _

                And Year(vDate) = vYear And Month(vDate)
                = vMonth Then
```

第8章でMakeBillプロシージャを作った時にとりあえず指定した取引先名（○○株式会社の部分）を引数vCompanyに、年（2016）の部分をvYearに、月（9）の部分をvMonthにそれぞれ変更します。

また、請求書に表示する取引先名や、保存するファイル名に使う取引先名の部分も、次のように変更しましょう。

変更するコード

```
        TargetSheet.Range("F2").Value = Date      '「請求日」
        TargetSheet.Range("A6").Value = vCompany  '「請求先」
    End With

    Set BillBook = Workbooks.Add
    TargetSheet.Cells.Copy BillBook.Worksheets(1).Range("A1")
    BillBook.SaveAs ThisWorkbook.Path & "¥" & vCompany & ".xlsx"
End Sub
```

これでOKです。動作を確認しましょう。

VBEで、画面をユーザーフォームにします（図9-1-13）。

図9-1-13　ユーザーフォームを表示します

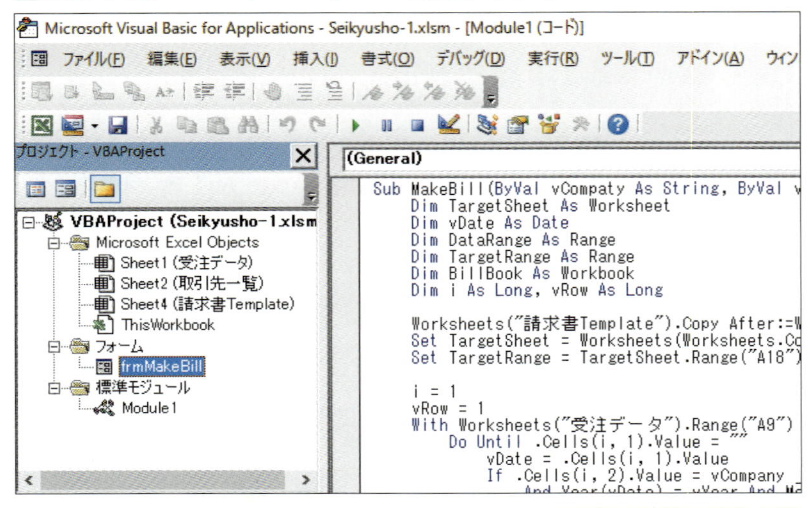


```
Sub MakeBill(ByVal vCompaty As String, ByVal v
    Dim TargetSheet As Worksheet
    Dim vDate As Date
    Dim DataRange As Range
    Dim TargetRange As Range
    Dim BillBook As Workbook
    Dim i As Long, vRow As Long

    Worksheets("請求書Template").Copy After:=W
    Set TargetSheet = Worksheets(Worksheets.Co
    Set TargetRange = TargetSheet.Range("A18")

    i = 1
    vRow = 1
    With Worksheets("受注データ").Range("A9")
        Do Until .Cells(i, 1).Value = ""
            vDate = .Cells(i, 1).Value
            If .Cells(i, 2).Value = vCompany _
```

ユーザーフォームがVBEに表示されたら、F5 キーを押して実行しましょう（図9-1-14）。

図9-1-14 ユーザーインターフェースでデータを選択する

	A	B	C	D	E	F	G	H
1	請求書作成ツール							
2								
3		請求書作成						
4								
5								
6	受注データ一覧							
7								
8	日付	取引先	商品コード	商品名				
9	2016/9/1	○○株式会社	C001	ブレンドコーヒー				
10	2016/9/1	○○株式会社	T001	緑茶（パック）				
11	2016/9/2	株式会社○×△	C003	キリマンジャロ				
12	2016/9/2	○△商事	T002	紅茶（パック）				
13	2016/9/2	○△商事	T004	ダージリン				
14	2016/9/2	○△商事	T005	アールグレイ				
15	2016/9/3	株式会社ABC	J001	ウーロン茶	1	600	600	
16	2016/9/3	株式会社ABC	J002	ほうじ茶（パック）	1	500	500	
17	2016/9/3	株式会社ABC	T001	緑茶（パック）	1	400	400	

請求書作成
- 取引先名を選択：株式会社○×△
- 作成する「年」と「月」を選択：2016 年 9 月
- 作成　終了

ユーザーインターフェースで「取引先」「年」「月」を選択します。
ここでは、「取引先」に「株式会社○×△」を、「年」に「2016」を、「月」に「9」を選択しています

もしエラーになってしまった場合は、2-3で説明した手順でコードを修正してください。エラーのほとんどは入力ミスです。「a」と「e」の入力間違いや半角・全角の間違い、スペースが必要なのにスペースが入力されていない、といったケースが多くあります。

注意　選択する「年」と「月」について

「受注データ一覧」には、2016年の9月と10月のデータしか入力されていません。ユーザーインターフェースで「年」と「月」を選択する場合、「年」は「2016」を、「月」は「9」または「10」を選択してください。

それぞれ選択できたら、「作成」ボタンをクリックしてください。

図9-1-15　実行結果

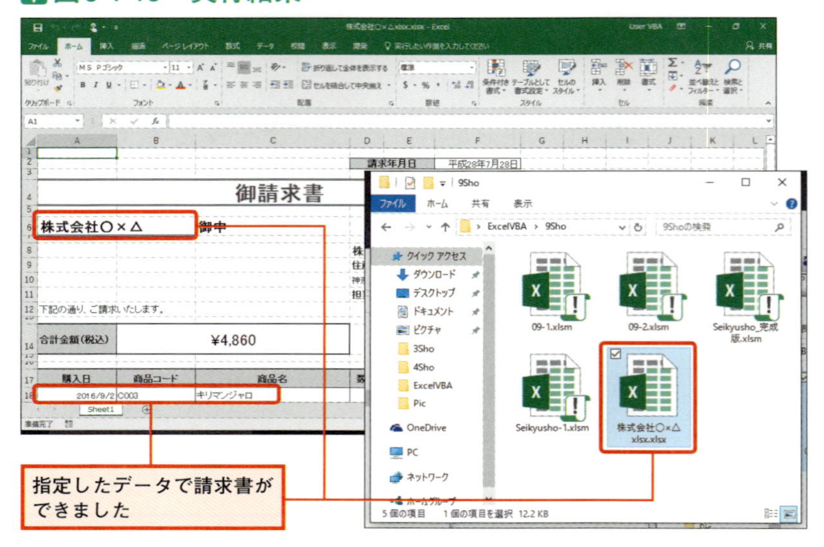

動作が確認できたら、「Seikyusho-1.xlms」ファイルを上書き保存しておきましょう。

さて、「作成」ボタンをクリックした時のプロシージャについて、もう少し補足しておきます。

最初の1行は、次のようになっていました。

「作成」ボタンをクリックした時に実行されるプロシージャ

```
Private Sub btnMakeBill_Click()
```

この先頭の「Private」についてです。

「Private」は、このプロシージャが入力されているモジュールやフォーム以外からは呼び出せない、という意味になります。

「作成」ボタンをクリックした時の処理って、ユーザーフォームに入力されたコードから、標準モジュールに入力されたMakeBillプロシージャを呼び出していますよね。モジュールの最初に「Private」と入力すると、こういった呼び出しができなくなるのです。

なお、他のモジュールから呼び出せることを明確にする場合、Subの前に「Public」と入力してください（Subだけでも同じ意味になりますけど、Publicがあった方が、「他のモジュールからも呼び出せるプロシージャなんだということが明確になります」。

話を戻します。「作成」ボタンの処理は、これでOKです。

あとは、「終了」ボタンをクリックした時の処理と、このユーザーインターフェースを表示するための処理を作れば、「請求書作成ツール」の機能は完成になります。

ただ、このツールって業務用を想定していますよね。請求書を作るという目的はちゃんと達成できたのですが、業務用と考えると、少し足らない部分があります。それは、次の2つです。

- **エラーが起きた時の処理**
- **メンテナンスを考えた処理とコード**

業務用のツールですから、ここまで考える必要があるのです。

というわけで、この2つについて見ていきましょう。

まずは、エラーが起きた時の処理についてです。

9-2 「請求書作成ツール」を仕上げる

エラーに対応する

業務用のシステムではエラー対策が重要

ひとまず、「請求書作成ツール」の機能はできました。ただ、業務用のプログラムの場合、細かいところへの配慮も必要です。

例えば、請求書の雛形になる「請求書Template」ワークシートですが、このワークシート名を変えられたらどうなるでしょうか？（図9-2-1）

図9-2-1 「請求書Template」ワークシートの名前が変えられたら？

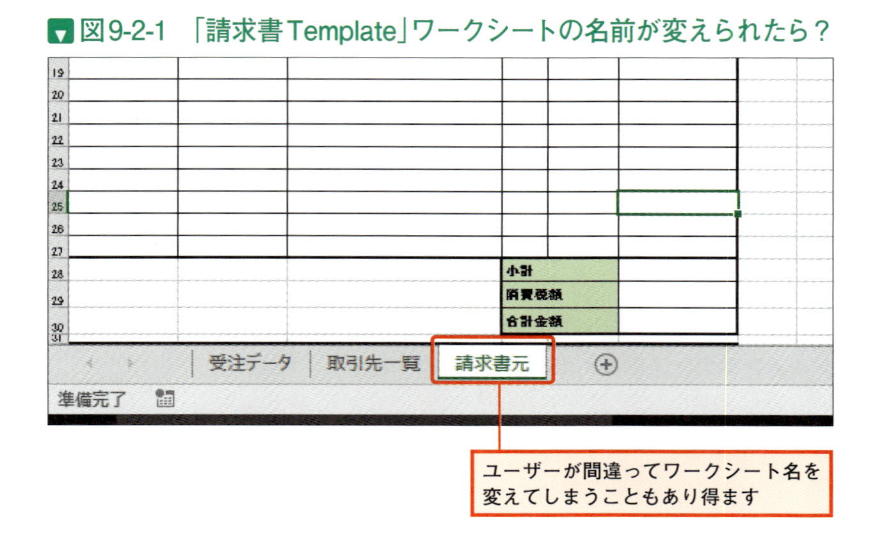

この状態で請求書を作ると、次のようなエラーが起きてしまいます。

図9-2-2　請求書を作ると・・・

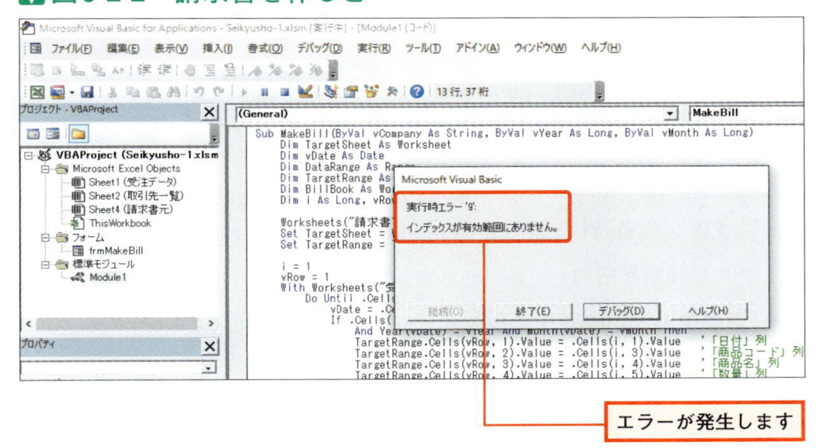

ツールを使っている時に、この画面が出たら嫌ですよね。業務で使うツールなんですから、こういった画面は出ないようにしたいものです。

では、具体的にどんな方法があるのかを見ていきましょうか。

エラーに対する考え方と方法

エラーに対しては、次の考え方で対策します。

- そもそもエラーが起きないように工夫する
- VBAのエラー処理用の命令を使って、エラーに対処する

1つ目は、「そもそもエラーが起きないように工夫する」です。

例えば、先ほどのように「請求書Template」ワークシート名が変わってしまったら、エラーになってしまいますよね？

このエラーが起きないようにするための方法は、いくつかあるかと思います。皆さんも考えてみてください。

私がぱっと思いついたのは、次の2つです。

- **請求書を作る時に「請求書Template」ワークシートがあるかチェックする機能を追加し、見つからなければ処理を終了するようにする**
- **「請求書Template」を隠しシート（ユーザーからは見えない）にして、ワークシート名を変更したりできないようにする**

どちらも有効な方法ですが、どちらかと言えば1つ目は結果的に請求書を作ることができませんが、2つ目は請求書を作ることができるので、2つ目のほうがいいですかね。

こういった工夫をすることが、業務用のプログラムでは大切なのです。

ここはぜひ、この2つの機能をご自分で加えてみてください。ただ、2つ目の方の命令は紹介していませんよね。ワークシートを隠すには、Visibleという命令を使います（ここは頑張って、自分で調べてみてください）。

なお、サンプル「9Sho」フォルダには「Seikyusho-a.xlsm」というファイル名で、「請求書Template」ワークシートがあるかチェックする機能を追加した「請求書作成ツール」と、「Seikyusho-b.xlsm」というファイル名で「請求書Template」ワークシートを隠してしまうようにした「請求書作成ツール」があります。

参考にしてみてください。

そして、もう1つの「VBAのエラー処理用の命令を使って、エラーに対処する」ですが、これ、とても大切ですから詳しく説明しますね。

VBAのエラー処理用の命令

VBAにはエラー処理用の命令があります。そしてエラー処理用の命令は、大きく分けて「On Error Resume Next」と「On Error Goto ラベル」の2つがあります。

ひとまず、構文を見てみましょう。

On Error Resume Nextの構文

```
On Error Resume Next
```

On Error Resume Nextはエラーが発生しても、次の処理から処理を続けます。

On Error Goto ラベルの構文

```
On Error Goto ラベル
    処理
ラベル:
```

On Errorの後エラーが発生すると、「ラベル:」に処理がジャンプします。

1つ目の「On Error Resume Next」は、エラーが起きても、そのエラーを無視して処理を続ける命令です。2つ目の「On Error Goto ラベル」はエラーが起きたら、「ラベル:」に処理が移る命令です。

このエラー処理の命令を、「請求書作成ツール」に組み込みましょう。

まずは、On Error Resume Nextからです。「請求書Template」ワークシートが見つからなかった時に、メッセージを表示して処理を終わるようにします。

次のコードを、MakeBillプロシージャに追加してください。

追加するコード

```
Dim i As Long, vRow As Long

On Error Resume Next
Worksheets("請求書Template").Copy After:=Worksheets(Worksheets.Count)

If Err.Number <> 0 Then
    MsgBox "「請求書Template」ワークシートが見つかりません。確認下ください"
    Exit Sub
End If
On Error GoTo 0

Set TargetSheet = Worksheets(Worksheets.Count)
```

処理の流れを、図9-2-3で確認しましょう。

コードを追加した部分を1行ずつ見ていきます。

図9-2-3　処理の流れ

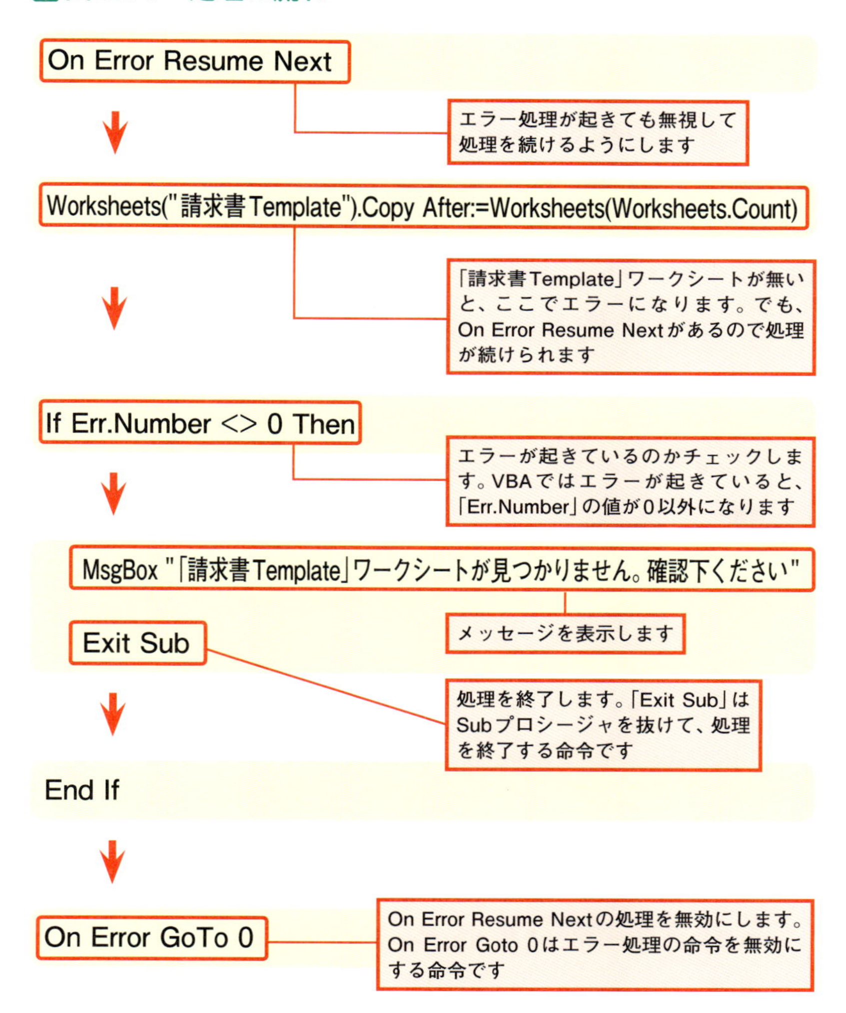

いかがですか？

これで、もし「請求書Template」ワークシートが無くても、エラーにはならなくなりました。

このOn Error Resume NextとIf Err.Number<>0 Thenという書き方は、定番なのでぜひ覚えてください。

では、もう1つの「On Error Goto ラベル」も追加しましょう。

次のコードを、MakeBillプロシージャに追加してください。

追加するコード

```
    On Error GoTo 0

    On Error GoTo ErrHdl
    Set TargetSheet = Worksheets(Worksheets.Count)
 ～省略～
    BillBook.SaveAs ThisWorkbook.Path & "¥" & vCompany & ".xlsx"
    Exit Sub

ErrHdl:
    MsgBox "エラーが発生しました。処理を終了します"
End Sub
```

ここでは、「ラベル」を「ErrHdl」にしています。そして、プロシージャの最後に「ErrHdl:」と入力しています。

これで、「On Error Goto ErrHdl」以降でエラーが起きたら、「ErrHdl」のところに処理が移るようになります。

なお、ErrHdlの前に「Exit Sub」を入れるようにしてください。これを忘れると、エラーが起きていないのに、エラーメッセージが表示されてしまいます。

Exit Subを忘れずに！

Exit Subを忘れてしまうと、エラーが起きていないのに、このプログラムであれば「エラーが発生しました。処理を終了します」というメッセージが表示されてしまいます。

これで、「請求書作成ツール」では、エラーが起きた時にエラーメッセージが表示されるようになりました。

業務用のプログラムではこういった処理が大切ですから、きちんと使えるようになってくださいね。

では、最後に「メンテナンスを考えた処理とコード」について説明し、「請求書作成ツール」の仕上げを行いたいと思います。

9-3 「請求書作成ツール」を仕上げる

業務用として「請求書作成ツール」を仕上げる

メンテナンスを考えた処理とコードとは

業務で使っているプログラムは、使っているうちに必ず修正や変更が発生します。そんな時に、修正や変更に時間がかかるのは、できるだけ避けたいはずです（普段使っているツールであれば、最悪業務が止まってしまいますから）。

ですから、プログラムを作る時には、修正や変更に対応しやすい、つまりメンテナンスしやすいコードにすることが大切です（図9-3-1）。

図9-3-1　コードにも工夫が必要

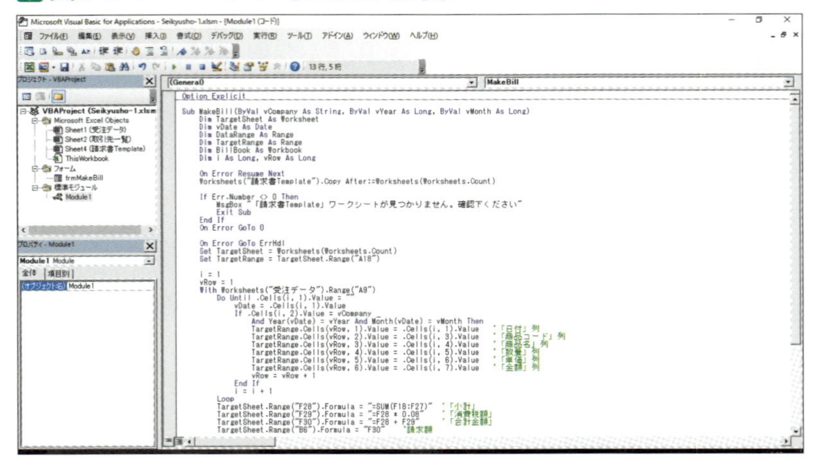

単にプログラムを作るだけではなく、メンテナンスしやすいコードにすることが大切です

例えば、コードにつけるコメントも、メンテナンスしやすくする方法の1つです。

コメントは「'（シングルクォーテーション）」から始めます。

行の先頭でも、途中でも構いません。「'」の後の文字は、コメントとしてプログラムを実行するときには無視されます。

プログラムの中で、コードがどのような処理をしているかといったコメントを入れると、修正箇所を見つけやすくなるでしょう。

図9-3-2 コードにも工夫が必要

```
i = 1
vRow = 1
With Worksheets("受注データ").Range("A9")
    Do Until .Cells(i, 1).Value = ""
        vDate = .Cells(i, 1).Value
        If .Cells(i, 2).Value = vCompany _
            And Year(vDate) = vYear And Month(vDate) = vMonth Then
            TargetRange.Cells(vRow, 1).Value = .Cells(i, 1).Value  '「日付」列
            TargetRange.Cells(vRow, 2).Value = .Cells(i, 3).Value  '「商品コード」列
            TargetRange.Cells(vRow, 3).Value = .Cells(i, 4).Value  '「商品名」列
            TargetRange.Cells(vRow, 4).Value = .Cells(i, 5).Value  '「数量」列
            TargetRange.Cells(vRow, 5).Value = .Cells(i, 6).Value  '「単価」列
            TargetRange.Cells(vRow, 6).Value = .Cells(i, 7).Value  '「金額」列
            vRow = vRow + 1
```

コメントを入れると、修正箇所が見つけやすくなります

例えば、図9-3-2のコードは、「日付」列が何列目なのかわかりにくいのでコメントをつけています。次の部分がそうです。

```
TargetRange.Cells(vRow, 1).Value = .Cells(i, 1).Value '「日付」列
```

この「1」が「日付」列を表していますが、ぱっと見てもわかりませんよね。その場合、コメントをつける以外に、もう1つ有効な方法があります。

それが「定数」の利用です。

「定数」は変数と同じように宣言して使うのですが、変数と異なるのは、宣言する時に値を入れてしまって、その後は中身を入れ替えることができない、という点です。

定数を宣言する構文

```
Const 定数名 As データ型 = 値
```

Constに続けて定数名を指定します。データ型は変数と同じものが使えます。ただし、オブジェクトを対象にしたデータ型は使えません。データ型に続けて、実際に代入する値を指定します。

先ほどの「日付」列を定数を使って表すと、次のようになります。

```
Const DATE_COL As Long = 1

TargetRange.Cells(vRow, DATE_COL).Value = .Cells
(i, DATE_COL).Value '「日付」列
```

こうすることで、よりコードがわかりやすくなりますよね。今回の「請求書作成ツール」では定数は利用しませんが、「完成版」フォルダにある「請求書作成ツール_完成.xlsm」には定数を使ったコードがありますから、参考にしてください。

では、あともう1つ「変数が多くなる時にまとめる方法」について説明しましょう。

変数が多くなる時にまとめるようにする

プログラムのコードが増えてくると、使用する変数もどんどん増えてきます。そんな時に、同じような値を代入する変数、例えば取引先に関連する情報を代入する変数なんかをまとめられると楽ですよね。

そこで使えるのが、「配列」です。

配列は変数の一種です。ただ、変数の場合は1つの変数に1つの値しか代入できませんが、配列の場合、複数の値を代入することができます。

ちょうど、図9-3-3のように、変数が更に別々の部屋に分かれているようなイメージです。

図9-3-3　配列のイメージ

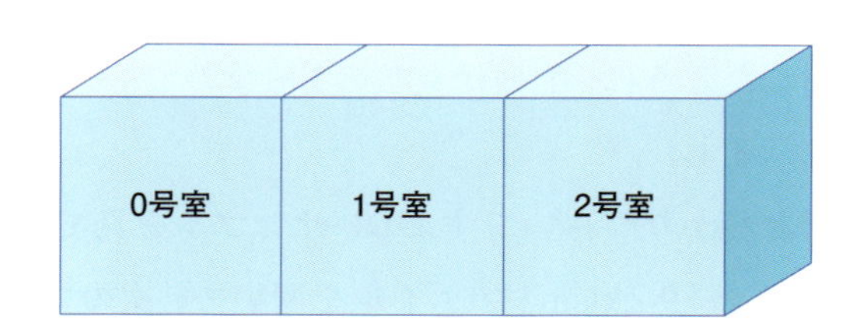

変数の中が部屋にわかれているイメージです。そのため、それぞれの部屋に値を代入することができます

配列では、この「部屋」に当たるものを「要素」と呼びます。つまり、配列はそれぞれの要素に、別々の値を代入することができるのです。

配列の使い方ですが、まずは配列の構文を確認しておきましょう。

構文は2種類あります。

配列を宣言する構文1

```
Dim 配列変数名(要素数-1) As データ型
```

配列は「要素数-1」で指定した数の要素を持ちます。それぞれの要素は、インデックス番号を指定して区別します。インデックス番号は「0」から始まります。

配列を宣言する構文2

```
Dim 配列変数名(最小値 To 最大値) As データ型
```

配列は「最小値」と「最大値」に指定した数の要素を持ちます。

先ほど説明したように、配列は変数の1種なので、変数と同じように宣言して使います。

構文だけだとわかりづらいですよね。サンプルを見てみましょう。「9Sho」フォルダの「9-2.xlsm」ファイルを開いて、次のコードを確認してください。

まずは、1つ目の構文を使ったサンプルからです。

このサンプルでは、要素数3の変数vNameを宣言し、それぞれの要素に「村田」「木村」「富田」の値を代入しています。

その後、For Nextを使って、配列のそれぞれの要素をメッセージボックスに表示しています。

1つ目の構文を使った配列のサンプルプログラム

```
Sub ArraySample1()
    Dim vName(2) As String  '配列を宣言する
    Dim i As Long

    '配列の各要素に値を代入する
    vName(0) = "村田"
    vName(1) = "木村"
    vName(2) = "富田"

    '配列の要素を順番にメッセージボックスに表示する
    For i = 0 To 2
        MsgBox vName(i)
    Next
End Sub
```

図9-3-4　実行結果

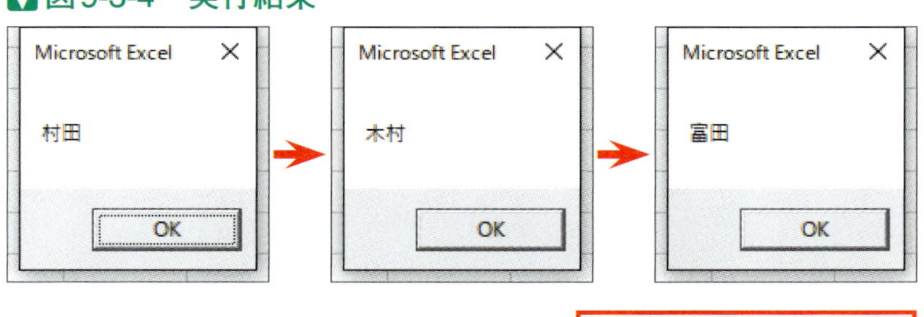

次に2つ目の構文を使ったサンプルです。

配列の宣言部分が異なりますが、処理内容自体は先程のサンプルと全く一緒です。

2つのコードを比べてみてください。

2つ目の構文を使った配列のサンプルプログラム

```
Sub ArraySample2()
    Dim vName(1 To 3) As String  '配列を宣言する
    Dim i As Long

    '配列の各要素に値を代入する
    vName(1) = "村田"
    vName(2) = "木村"
    vName(3) = "富田"

    '配列の要素を順番にメッセージボックスに表示する
    For i = 1 To 3
        MsgBox vName(i)
    Next
End Sub
```

いかがでしょうか？

配列はこのような使い方ができるので、このサンプルのように複数「名前」を扱うプログラムなどで、変数をまとめることができます。

かなり便利です。

では、作成中の「請求書作成ツール」で配列を使ってみましょう。

今回は、請求書に表示するデータのうち、「請求日」と「請求先」を配列で扱うことにします。こうしておけば、将来、請求書に表示する情報が増えたとしても、配列の要素数を変更すれば済みますからね。

MakeBillプロシージャに、次のコードを追加しましょう。

```
Dim vInfo(1 To 2) As String
 ～省略～
vInfo(1) = Date
vInfo(2) = vCompany
TargetSheet.Range("F2").Value = vInfo(1)      '「請求日」
TargetSheet.Range("A6").Value = vInfo(2)   '「請求先」
```

配列は、vInfo(1 To 2)としています。これで、要素数が「2」の配列になります。この配列に「請求日」と「請求先」の情報を代入し、その後セルに表示しています。

また仮に、請求書に「部署名」と「担当者名」も表示することになったら、「vInfo(1 To 2)」を「vInfo(1 To 4)」に修正します。

これで、メンテナンスしやすいコードの書き方は終わりです。

最後に、「請求書作成ツール」の仕上げを行いましょう。

いよいよ「請求書作成ツール」の仕上げ！

次の3つの処理を作って、「請求書作成ツール」の完成となります。

- コピーした雛形の削除
- 「請求書作成」ボタンをクリックした時に、ユーザーインターフェースを表示する
- 「終了」ボタンをクリックした時に、ユーザーインターフェースを閉じる

どれもそれほど難しい処理ではありませんから、早速見ていきましょう。

コピーした「請求書Template」の削除

まずは、コピーした「請求書Template」の削除です。今の「請求書作成ツール」は、請求書を作ると図9-3-5のようにコピーした「請求書Template」ワークシートがどんどん溜まっていってしまいます。

▼図9-3-5　コピーされた「請求書Template」ワークシート

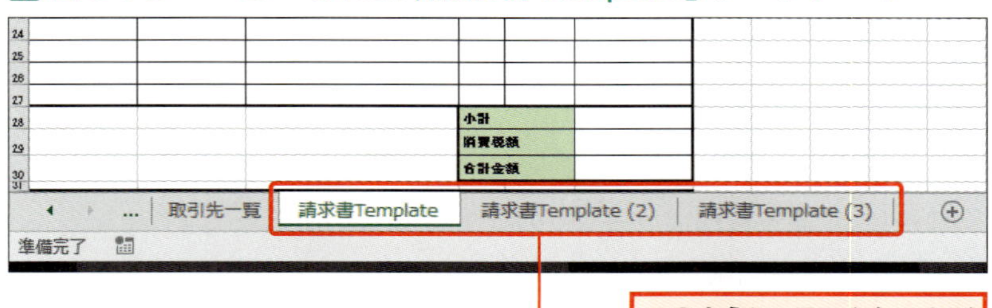

このままでは、無駄なワークシート増え続けることになりますから、処理が終わったら削除するようにしましょう。

ワークシートを削除する処理は、第7章でやりましたよね。覚えてますか？　そう、Deleteを使うんでした。

では、MakeBillプロシージャに、次のコードを追加してください。

追加するコード

```
TargetSheet.Cells.Copy BillBook.Worksheets(1).Range("A1")
Application.DisplayAlerts = False
TargetSheet.Delete
Application.DisplayAlerts = True
BillBook.SaveAs ThisWorkbook.Path & "¥" & vCompany & ".xlsx"
```

今回の処理では、コピーしたワークシートは変数TargetSheetに代入されていますよね。ですので、この変数TargetSheetを使います。

そして、Deleteの前後に「Application.DisplayAlerts」があります。これ、警告のメッセージを表示しないためのものでしたよね。第7章でも言いましたが、ワークシーを削除するときの定番のコードですから、覚えてくださいね。

ワークシートを削除する処理は、これでOKです。

では次に、「受注データ」ワークシートにある「請求書作成」と書かれた図形をクリックして、ユーザーインターフェースを表示するようにします（図9-3-6）。

図9-3-6 「請求書作成」ボタンの処理

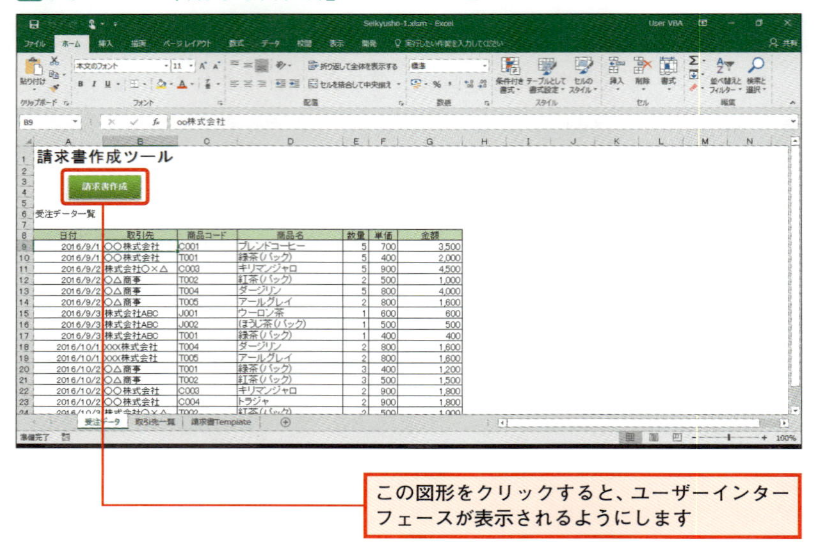

まずは、標準モジュール「Module1」(MakeBillプロシージャがあるモジュールです)に、次のコードを追加してください。ユーザーフォームを開くコードも、すでに勉強済みですよね。プロシージャ名は、Mainになります。

追加するコード

```
Option Explicit


Sub Main()
    frmMakeBill.Show
End Sub
```

```
Sub MakeBill(ByVal vCompany As String, ByVal vYear
As Long, ByVal vMonth As Long)
```

コードの意味は大丈夫ですよね。請求書を作るためのユーザーフォームは、「frmMakeBill」という名前にしたので、このようなコードになっています。

コードを入力したら、後は「請求書作成」の図形にプログラムを登録しましょう。これは、もう何度もやってますよね。だから、自分でトライしてください。

そして、いよいよラストです。「終了」ボタンをクリックして、ユーザーインターフェースを閉じるようにします。

ユーザーインターフェースの「終了」ボタンの処理

ボタンをクリックした時の処理なので、VBEでユーザーフォームを開き、「終了」ボタンをダブルクリックして、次のコードを入力してください。

▼入力するコード

```
Private Sub btnExit_Click()
    Unload Me
End Sub
```

図9-3-7 「終了」ボタンをクリックした時の処理

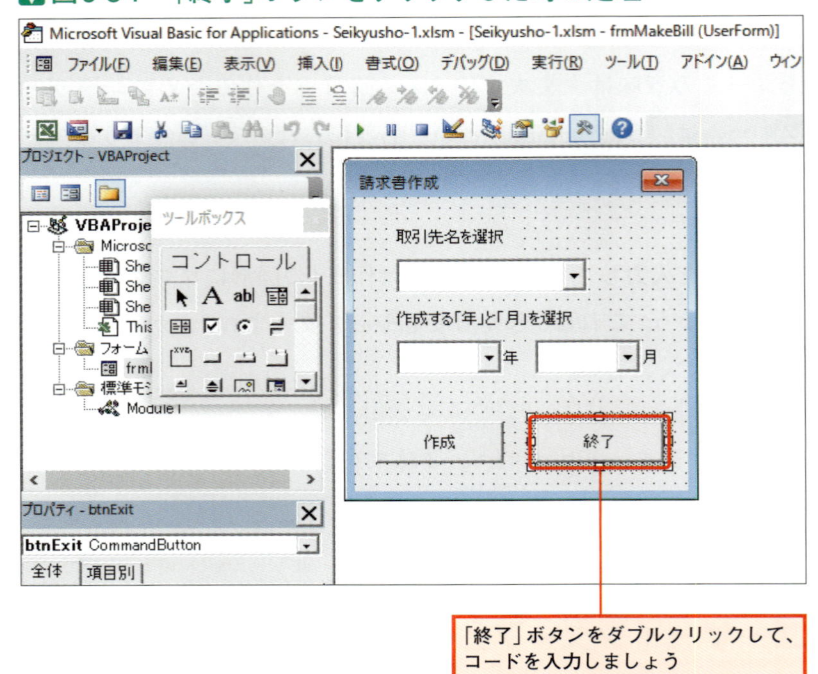

ユーザーフォームを閉じる命令は、Unloadです。また、Meは、今コードを入力しているユーザーフォームそのものを指します。

これで、ユーザーフォームを閉じることができます。

もちろん、最後に動作チェックをしましょう。

「請求書作成」の図形をクリックしてください。

図9-3-8 動作を確認する

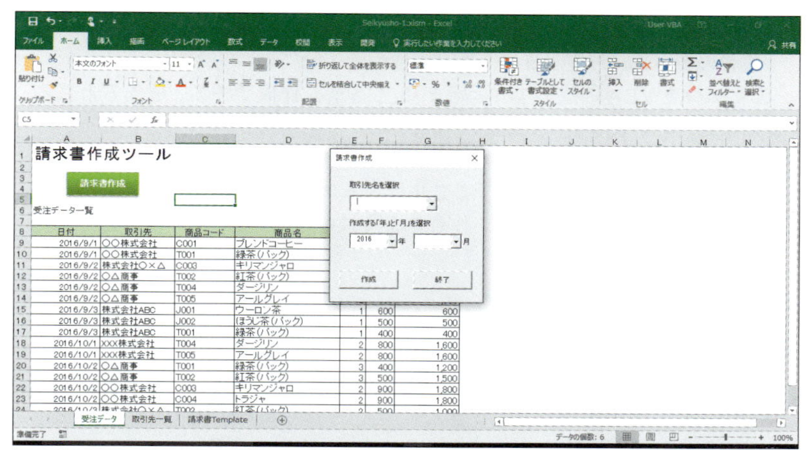

「請求書作成」の図形をクリックしたら、ユーザーインターフェースが表示されました。実際に請求書を作って、「終了」ボタンの動作も確認してくださいね

問題なかったですか？

であれば、これで本当に「請求書作成ツール」の完成です。

皆さん、本当にお疲れ様でした！

おわりに

読者の皆さん、お疲れ様でした。
「マクロとVBAの違い」から始まり、「請求書作成ツール」を作るところまで来れたわけですが、いかがでしたか？

1つだけ確実に言えるのは、「ここまで読み終えたあなたなら、普段の仕事で役に立つようなプログラムを作れるようになっている」ということです。
例えば、

- セルに見出しや数値、計算式を入力し、売上集計表を自動で作るためのプログラム
- 顧客一覧から、住所や性別などの条件で顧客を検索して、検索結果の一覧を作るためのプログラム
- 商品一覧にデータを入力するための「データ入力画面」があるプログラム

このようなプログラムであれば、1人でも作れるようになっているでしょう。
どれも結構、業務で使えそうだと思いませんか？

もちろん、業務で本格的にExcelVBAを使うには、まだまだ知らなくてはならないことが沢山あります。
でも、「VBAって何？」という状態から始めて、無事にここまで来れた皆さんであれば、この先のステップアップはさほど難しいことではないでしょう。

プログラミングは「慣れ」です。
経験値を積むことで、応用力や発想力が自然と身に付いていきます。
だからぜひ、本書で得た知識が記憶新しいうちに、ゲームでも業務用でも何でいいので、とにかくどんどんプログラムを作っていってみてください。

ここから先の「VBA中級者への道」は、そんなに険しくはないと思いますよ。

2016年8月末日　著者

索引

【ま行】

【や行】

【ら行】

【わ行】

エクセルVBAの
プログラミングを
はじめから
じっくりと。

■注意

(1) 本書は著者が独自に調査した結果を出版したものです。
(2) 本書は内容について万全を期して作成いたしましたが、万一、ご不審な点や誤り、記載漏れなどお気付きの点がありましたら、出版元まで書面にてご連絡ください。
(3) 本書の内容に関して運用した結果の影響については、上記(2)項にかかわらず責任を負いかねます。あらかじめご了承ください。
(4) 本書の全部または一部について、出版元から文書による承諾を得ずに複製することは禁じられています。
(5) 商標
本書に記載されている会社名、商品名などは一般に各社の商標または登録商標です。

エクセルVBA(ブイビーエー)のプログラミングをはじめからじっくりと。

発行日　2016年 9月28日　第1版第1刷
　　　　2017年12月10日　第1版第2刷

著　者　沢内(さわうち)　晴彦(はるひこ)

発行者　斉藤　和邦
発行所　株式会社　秀和システム
〒104-0045
東京都中央区築地2丁目1－17　陽光築地ビル4階
Tel 03-6264-3105（販売） Fax 03-6264-3094
印刷所　三松堂印刷株式会社　Printed in Japan

ISBN978-4-7980-4730-0 C3055

定価はカバーに表示してあります。
乱丁本・落丁本はお取りかえいたします。

本書に関するご質問については、ご質問の内容と住所、氏名、電話番号を明記のうえ、当社編集部宛FAXまたは書面にてお送りください。お電話によるご質問は受け付けておりませんのであらかじめご了承ください。